凤凰颈泵站改造工程项目全景

凤凰颈泵站改造工程基坑土方开挖

凤凰颈泵站改造工程主基坑夜景

龙德泵站枢纽工程泵站进水渠

引江济淮工程（安徽段）江水北送段
H003-1（河渠）标项目——龙德站

龙德泵站枢纽工程泵站房屋建筑工程

引江济淮工程 J006-1 标项目堰滩跌水

引江济淮工程 J006-1 标项目上游河渠工程

安庆市破罡湖东站工程全景

安庆市破罡湖东站工程泵站前池及主、副泵房

安庆市破罡湖东站工程泵站厂区

八里河泵站泵房侧俯视图

八里河泵站节制闸侧俯视图

八里河泵站主厂房正视图

八里河泵站主厂房内部机组布置图

G345 凤阳段一级公路改建工程 PPP 项目全景

G345 凤阳段一级公路改建工程濠河大桥

霍山生态新城路网工程 PPP 项目双湾大桥

霍山生态新城路网工程 PPP 项目全景

亳州市希夷大道（杜仲路—芍花路）和芍花路（药王大道—建安路）“白加黑”更新改造工程

亳州市三清大道（东绕城快速）PPP 项目

亳州市南部新区水系贯通河道综合治理项目（宋汤河六期）

安庆市中山大道（G206）改造工程

淮北市孟山南路贯通工程

九江市琵琶湖黑臭水体治理项目

霍山县西迎驾大道升级改造工程

怀宁人民医院妇儿分院及附属用房建设建设 EPC 项目

智能安全帽、铝合金模板生产项目

东明石化产业园发展环境综合提升 PPP 项目

融科 · 梧桐里项目

黄陂湖流域水环境综合治理工程施工 III 标

望江县漳湖圩漳湖站工程施工标工程

望江县漳湖圩漳湖站工程施工标工程全景

安徽省巢湖生态清淤试点工程施工全景

驷马山滁河四级站干渠（江巷水库近期引水）
工程施工 2 标项目

龙河口引水工程施工 2 标段

2020 年巢湖市长江供水工程 2 标段

證書

中国电建市政建设集团有限公司

你单位承建的淮北市孟山南路贯通工程荣获2017-2018年度安徽省建设工程“黄山杯”奖（省优质工程）。

特发此证

二〇一九年四月

淮北市孟山南路贯通工程荣获 2017—2018 年度安徽省建设工程“黄山杯”奖

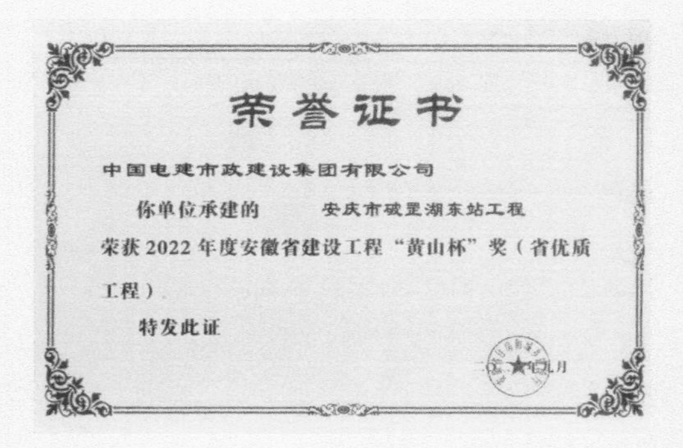

荣誉证书

中国电建市政建设集团有限公司

你单位承建的 安庆市破罡湖东站工程 荣获2022年度安徽省建设工程“黄山杯”奖（省优质工程）

特发此证

安庆市破罡湖东站工程荣获 2022 年度安徽省建设工程“黄山杯”奖

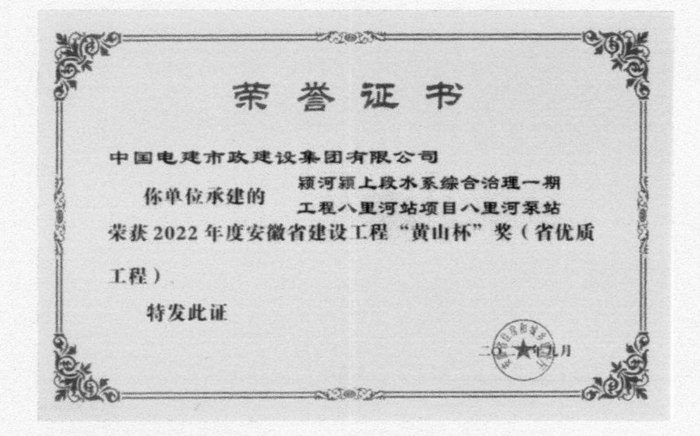

荣誉证书

中国电建市政建设集团有限公司

你单位承建的 颍河颍上段水系综合治理一期工程八里河站项目八里河泵站 荣获2022年度安徽省建设工程“黄山杯”奖（省优质工程）

特发此证

颍河颍上段水系综合治理一期工程八里河站项目八里河泵站荣获 2022 年度安徽省建设工程“黄山杯”奖

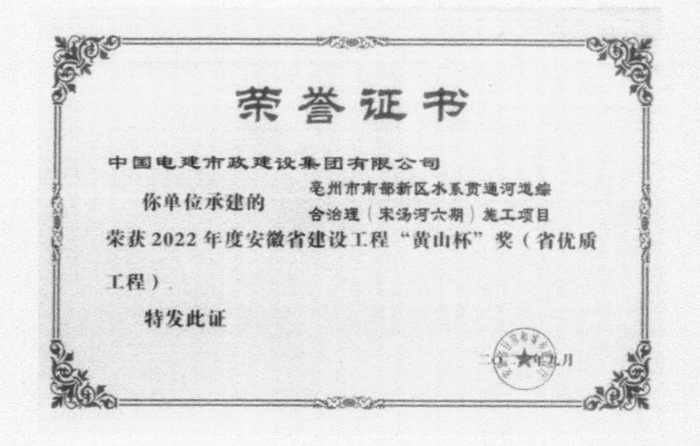

荣誉证书

中国电建市政建设集团有限公司

你单位承建的 亳州市南部新区水系贯通河道综合治理（宋汤河六期）施工项目 荣获2022年度安徽省建设工程“黄山杯”奖（省优质工程）

特发此证

亳州市南部新区水系贯通河道综合治理（宋汤河六期）施工项目荣获 2022 年度安徽省建设工程“黄山杯”奖

治水兴皖 润泽江淮

——水闸泵站工程撷英

◎ 黄匡曦　主编

中国水利水电出版社
www.waterpub.com.cn
· 北京 ·

内 容 提 要

近年中国电建市政建设集团有限公司承建了大量江淮流域的水闸泵站工程。水闸泵站工程包括水闸、泵站及其附属配套工程，是水利工程、生态环境治理基础设施中的重要组成部分，在调节和分配水资源、灌溉、防洪排涝、改善农田作物耕育环境、改良农田水系及生态环境治理等方面发挥着重要作用。本书分为上篇和下篇，分别从技术和应用的角度出发，介绍了水闸泵站工程的概念及分类，水闸泵站施工过程中的控制要点及主要施工技术，探讨了其在水利工程建设、生态水系及生态环境治理中的应用。

本书可供从事水利水电施工，尤其是从事水闸泵站工程施工的相关技术人员借鉴，也可供相关专业师生参考。

图书在版编目（CIP）数据

治水兴皖　润泽江淮 ： 水闸泵站工程撷英 / 黄匡曦主编. -- 北京 ： 中国水利水电出版社，2023.9
ISBN 978-7-5226-1830-2

Ⅰ. ①治… Ⅱ. ①黄… Ⅲ. ①水闸－水利工程－安徽②泵站－水利工程－安徽 Ⅳ. ①TV66②TV675

中国国家版本馆CIP数据核字(2023)第191644号

书　名	**治水兴皖　润泽江淮——水闸泵站工程撷英** ZHISHUI XING WAN　RUNZE JIANGHUAI—— SHUIZHA BENGZHAN GONGCHENG XIEYING
作　者	黄匡曦　主编
出版发行	中国水利水电出版社 （北京市海淀区玉渊潭南路1号D座　100038） 网址：www.waterpub.com.cn E-mail：sales@mwr.gov.cn 电话：(010) 68545888（营销中心）
经　售	北京科水图书销售有限公司 电话：(010) 68545874、63202643 全国各地新华书店和相关出版物销售网点
排　版	中国水利水电出版社微机排版中心
印　刷	北京中献拓方科技发展有限公司
规　格	184mm×260mm　16开本　7印张　170千字　6插页
版　次	2023年9月第1版　2023年9月第1次印刷
印　数	001—300册
定　价	**48.00**元

编　委　会

序

PROEMIAL

翻开中国地图，在华东腹地安徽这片土地上，长江、淮河两条大河南北遥望，从南至北呈“二”字形。引江济淮重大水利工程则纵穿江淮分水岭，连通长江和淮河，纵贯而成一个“工”字。由“工”字之上俯瞰，巢湖、黄陂湖、破罡湖如同宝石镶嵌陈列左右，而青弋江、华阳河、滁河、九华河恰如玉带环绕连接南北。它们众星拱月般簇拥着这神工天巧的“工”字，宝光熠熠，气贯山河。

这“工”字是中国电建市政集团安徽工程建设有限公司（以下简称“公司”）参与长江、淮河以及江淮之间诸多水利工程建设工作的真实写照，也暗含了公司在大江大河上兴修水利而彰显出的工匠精神！

于公司而言，工匠精神一直闪耀在公司各个阶段波澜壮阔的发展中。那是公司初创时不忘初心，围绕江淮水系治理，在创业创造中大任始承、蹒跚前行；也是公司在成长中秉持匠心，围绕八皖湖河在兴建兴修中顺势而上、耕耘不怠。目前，公司在建流量最大泵站工程——引江济淮凤凰颈项目、已建成最大流量泵站工程——望江漳湖项目、单体合同额最大水利工程——华阳河项目都是在建设中凸显工匠精神的形象典范。

这工匠精神，植根江淮，薪火相传，进而泽被江淮。作为“全国工人先锋号”获得单位，公司深入学习贯彻习近平总书记关于治水的重要论述，立足安徽水利大省实际，发挥“懂水熟建、精工擅造”核心优势，先后承揽引江济淮江淮沟通段J006－1标、引江济淮江水北送段H003－1标、引江济淮引江济巢段凤凰颈X001－1标、驷马山滁河四级灌渠项目、华阳河蓄滞洪区工程、霍邱淮河流域行蓄洪区工程等多个国家级重大水利工程。

这工匠精神，在耕耘江淮的过程中厚积薄发，进而享誉江淮。作为区域内实力雄厚且极具信誉的中央企业水利水电施工劲旅，良好的品牌、雄厚的实力、精干的队伍为公司在行业内外树立了良好的铁军形象。多年来，诸多精品工程让公司屡获“黄山杯”“禹王杯”“庐州杯”“相王杯”“振风杯”“徽园杯”等省市级优质工程奖项及多项科技进步奖、省部级工法、专利及优秀QC成果奖，公司也因此积累了众多具独创性的施工管理经验、科学技术成果。

本书聚焦公司近年来各阶段关键项目的管理成果，撷萃近年来公司施工科技成果尤其是水利泵闸施工的管理经验。20篇文章涵盖了泵闸站基坑支护、基坑降水、防渗墙施工技术、大体积混凝土温控、电气自动化控制技术、大口径JPCCP长距离顶进等内容。本书的付梓，既是公司多年来深谙工匠精神组织干部职工创业、创新、创造的系统总结，也是公司当下秉承工匠精神面向未来勾勒、描摹、布局的形象体现。

总结过去正是为了更好地前行，这正是出版《治水兴皖　润泽江淮》的意义所在。展望未来，我们要成为公司高质量发展的探索者、开拓者、建设者，心如赤子、坚如磐石、云帆高张、昼夜星驰，以与公司共同成长的忠贞情怀，在不断变革创新过程中取得新业绩，在秉承和发扬工匠精神过程中栉风沐雨、披荆斩棘，迎接公司大发展的满庭芬芳！

2023年9月

前　言

PREFACE

尊敬的读者朋友们，我们很高兴地呈现这本基于泵闸施工技术交流培训会的专著。此次培训会汇聚了来自中国电建市政集团有限公司各单位的专家和实践者，共同探讨和研究泵闸施工技术。本书收录的文章，旨在将他们的专业知识和丰富经验分享给更广大的读者，推动该领域的技术进步。

本书的特点在于结构和内容具有多样性。首先，它涵盖了泵闸施工的各个关键环节，包括设计、建造、安装、调试和运行；其次，本书不仅关注了泵闸施工的具体技术问题，而且探讨了该领域的前沿趋势和未来挑战。此外，本书还反映了实践中的各种经验教训，以及如何通过创新和改进应对复杂的工程挑战。

本书的目标读者主要是从事泵闸施工和相关研究的学者、工程师与技术人员。同时，本书也可以作为学生学习和了解泵闸施工技术的参考书。我们希望通过这本书，能够帮助读者更好地理解和应用泵闸施工的技术知识，提高他们的实践能力和研究水平。

在整理和编写本书的过程中，我们始终坚持科学、客观和严谨的态度，力求准确地传达每篇文章的核心信息。我们非常感谢所有作者的辛勤工作和卓越贡献，也感谢此次培训会为我们的交流和学习提供了宝贵的平台。

最后，我们希望本书能对泵闸施工领域的读者有所帮助，同时期待读者朋友们能从中获得启发和新的视角，推动该领域的技术进步。

谢谢您的阅读和支持！

编者

2023 年 9 月

目 录

CONTENTS

上篇

技 术 篇

泵站高地下水位故障无砂管井快速封闭施工技术

吕学志　朱成成　朱瑾博

【摘　要】本文总结了引江济淮（安徽段）江水北送段 H003－1（河渠）标项目龙德泵站施工降水方法，具体研究了高地下水位故障无砂管井抬升及快速封井施工技术，根据结构主体高度特制金属节段，金属节段外带止水片、内含封闭法兰，在面临高地下水位、停泵后地下水突涌的情况下加快封井速度，保证封闭质量。

【关键词】　深基坑　无砂管　止水　封闭

1　引言

水利水电工程中多涉及深基坑工程施工，龙德泵站深基坑最大开挖深度达 16m，根据地质勘察报告及地质图册分析，基坑开挖基面处于粉细砂层，地层属中等透水层，为管涌型土，在地下水作用下，可能产生渗透变形，基坑边坡稳定性差，综合水位较高。针对以上不利因素，施工时需保证边坡稳定及地下水位的有效控制。地下水控制主要采用降水井进行疏干的方法，降水井部分分布于待施工混凝土结构范围内，降水井选用无砂管，该类管材透水率高、施工简单。无砂管分节安装固定，在其他工序交叉作业中易导致临近建基面的首节管体倾斜，水泵无法按照原设计深度放置，若水泵停止运行，地下水位上升极快，导致常规混凝土填料封井施工难度大，影响降水井范围内主体混凝土质量。本文结合龙德泵站降水井施工实践，介绍了在高地下水位的情况下如何提高降水井封闭质量，对故障无砂管井快速处理的施工技术要点进行总结。

2　工艺原理

定制 Q235B（碳素结构钢）金属节段，金属节段为内空圆柱形无缝钢管，管壁厚度为 3mm，外径为 450mm。金属节段钢管外圈满焊三道圆形止水钢板，钢板宽度为 20cm，三道止水钢板分布于垫层顶面（处理后的无砂管井顶面）及混凝土结构间。金属节段内部设置环形法兰底座，用于后期降水井封闭，法兰底座中心设置直径大于潜水泵最大直径尺寸的孔洞，以保证降水井正常工作，便于后期封井前移出潜水泵。金属节段与主体钢筋有效连接，防止移位，主体混凝土浇筑完成达到养护时间且满足降水井停运条件后移除潜水泵，安装法兰橡胶垫片及法兰板。法兰体系安装完成、上部填入水泥干粉并将金属节段切割至混凝土顶面下 20cm 后，用封闭盖板与无缝钢管顶焊接，浇筑微膨胀混凝土。

3 施工流程

施工流程如图1所示。

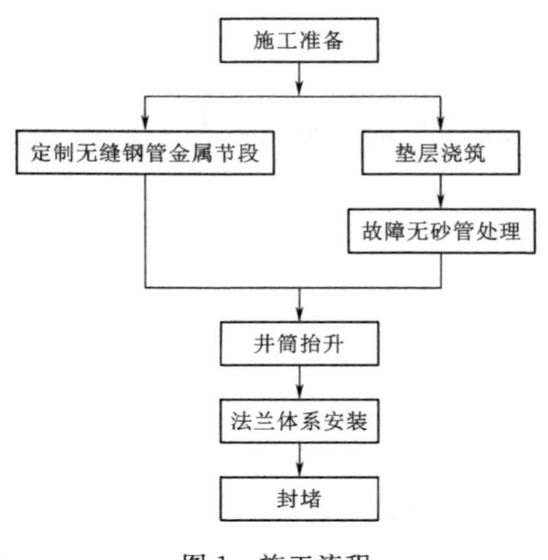

图1 施工流程

4 施工方法

龙德泵站深基坑工程共设置84口无砂管降水井，部分处于待施工混凝土结构范围内，后期降水井停用后封闭技术要求较高。降水井封堵金属节段装置由工厂制作后运至现场安装。下面着重阐述主要施工工序。

4.1 定制无缝钢管金属节段

按照混凝土结构底板厚度定制金属节段，金属节段采用热轧无缝钢管，钢管厚度为3mm，长度根据混凝土结构厚度确定，保证混凝土结构主体浇筑完成时无缝钢管高程高于混凝土结构顶高程20cm。金属节段无缝钢管外径为450mm，小于无砂管降水井内径。无缝钢管外圈满焊三块圆形止水钢板，其厚度与无缝钢管一致。第一块止水钢板高于无缝钢管底面30cm，在金属节段插入降水井后，第一块止水钢板在无砂管顶面形成覆盖；第二、第三块止水钢板分布在结构混凝土范围内。

4.2 井筒抬升

进行结构混凝土施工前，将无砂管中的潜水泵拿出，并将无砂管顶破除至与垫层顶齐平，无缝钢管插入无砂管内径中形成井筒抬升。下部第一块止水钢板与垫层顶（无砂管顶）形成封闭，止水钢板与垫层间缝隙处采用水泥砂浆或发泡剂填塞，防止混凝土灌注过程中水泥浆流入井内，缝隙处理前即可再次下入水泵保持持续降水；第二、第三块止水钢板位于混凝土结构间，用混凝土结构内钢筋与无缝钢管进行点焊，防止移位，此止水钢板用于增大水的绕流路径，可起到良好的抗渗作用。

4.3 法兰体系施工

井筒抬升后进行结构混凝土浇筑，达到养护条件后，根据降水需求情况并在满足降水井封闭条件后进行法兰体系施工。金属节段定制时法兰盘已提前焊接至其无缝钢管内壁，法兰盘配套螺杆及下螺母已固定安装完成。封闭时，当水位下降至法兰盘下部时迅速拿出潜水泵在法兰盘上安放橡胶垫片及法兰盖板，用电动扳手紧固上螺母，法兰体系安装完成后观察止水情况。法兰体系平面示意图如图2所示。

4.4 封堵

法兰体系安装完成无明显渗漏后，切割无缝钢管至混凝土顶面下20cm，法兰上部填入水泥干粉，用封闭盖板与无缝钢管顶进行封闭焊接后，上部浇筑20cm微膨胀混凝土。封闭完成结构如图3所示。

5 故障无砂管井处理

无砂管井故障主要源于无砂管倾斜水泵无法按照原设计深度放置，仅可放置在首节倾

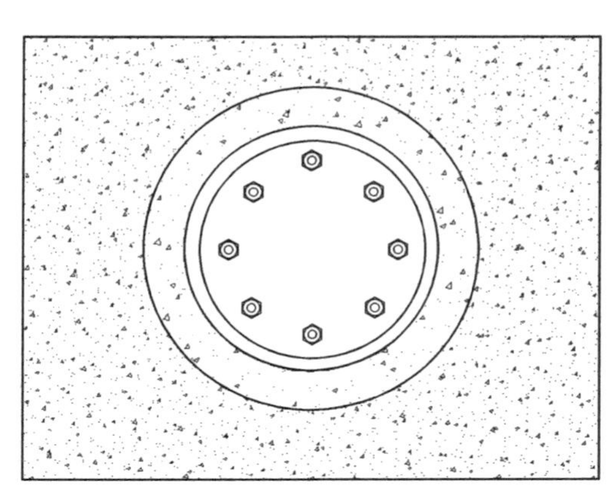

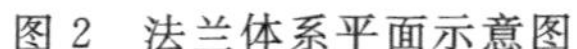

图 2　法兰体系平面示意图

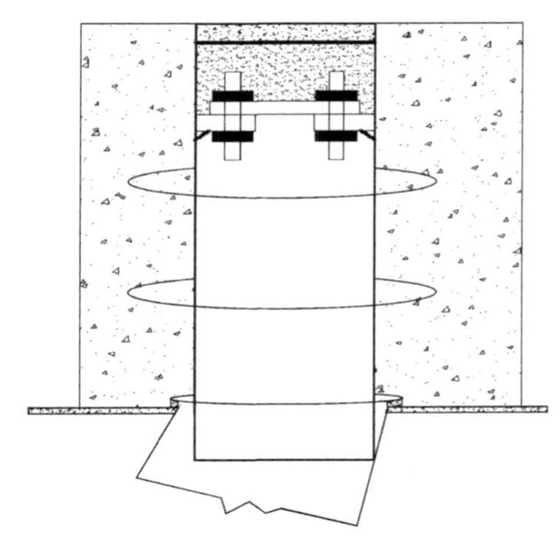

图 3　封闭完成结构

斜管井范围内，以防止高地下水位突涌，若水泵停止运行，地下水位上升极快。由于故障井仅能维持地下水位无法突涌，无法达到有效的水位降深，按常规降水井封闭处理方式，即拿出潜水泵，立即于下部回填砂石料，于管井顶面 1～2m 处浇筑微膨胀混凝土的施工方法，易导致地下水位上升较快，封堵材料砂石被地下水带出，微膨胀混凝土离析，致使封堵效果极差，无法达到有效封井的目的。

6　结语

该项目通过上述施工方法，解决了普通及故障无砂管升井速度较慢、地下水水位上升快、持续降水升井速度慢的弊端，可有效保证现场施工进度。同时，无缝钢管与混凝土结构结合性强，有效保证了混凝土结构与降水井的结合性，且止水钢板扩大了地下水绕流路径，起到了较好的防渗效果，减少了后期结构间渗水的维修成本，有较好的推广应用前景。

参考文献

[1]　中国电建市政建设集团有限公司．一种用于故障无砂管井快速封井装置［P］：202221668575.7. 2022-11-01.

大坝塑性混凝土防渗墙施工工艺

李　强　陈永刚　周强贞

【摘　要】塑性混凝防渗墙于1958年首次引入我国并首先应用在水坝地基防渗处理中。本文阐述了江西省宁都县团结水库除险加固工程在大坝轴线方向设置塑性混凝土防渗墙的施工工艺，总结了塑性混凝土心墙除险加固的施工技术经验，可为类似防渗墙施工提供借鉴。

【关键词】除险加固　塑性混凝土　防渗墙

1　引言

宁都县团结水库位于江西省赣州市宁都县洛口镇员布村，距宁都县城55kW，位于赣江水系贡江一级支流梅江上游，坝址以上控制流域面积为412.0km^2。水库正常蓄水位为242.00m，设计洪水位（$P=1\%$）为244.29m，校核洪水位（$P=0.05\%$）为245.53m，水库总库容为1.457亿m^3，电站装机容量为2700kW，是一座以防洪、灌溉为主，兼有发电等综合利用的水库。本文主要论述了团结水库大坝塑性混凝土防渗墙防渗除险加固施工工艺。

防渗墙槽孔深度为7～30m，墙厚80cm，塑性混凝土工程量约为11000m^2，配合材料包括水泥、砂、石、膨润土、粉煤灰、减水剂、水。墙体28d抗压强度R28≥2MPa，弹性模量E为300～2000MPa，渗透系数不大于1×10^{-7}cm/s。

2　工艺原理

在坝体防渗墙成槽施工前，首先沿着设计轴线开挖沟槽，对导墙和平台进行施工，其中导墙采用钢筋混凝土现浇结构；其次用直径与坝体防渗墙设计厚度相同的冲击钻机钻孔，孔距应与成槽抓斗宽度相适应；最后用液压连续墙抓斗挖去两孔之间的土体，在坝体防渗墙成槽后验孔、清孔，下设接头管、导管，灌注混凝土。在钻孔和成槽过程中，均需采用膨润土泥浆护壁，直至塑性混凝土灌注完成。防渗墙接头采用平接法工艺，即墙段间的接缝为直线连接方式，施工完成一槽、二槽段以后，在闭合槽段开挖时将已浇筑槽段混凝土切削40cm，并进行刷壁处理。

3　实施过程

防渗墙施工包括塑性混凝土配合比设计、导墙施工、泥浆制备、槽孔开挖、混凝土浇筑等。

3.1 配合比设计

一般塑性混凝土配比材料中含有砂土，但现场砂土含水量波动大，且砂土杂质含量过高，配合比试验难度大，塑性混凝土质量难以保证。后经咨询，试验确定采用粉砂、膨润土代替砂土填充料，以优化配合比。塑性混凝土坍落度应为180～220mm，扩散度应为340～400mm，坍落度保持在150mm以上的时间应不小于1h；初凝时间应不小于6h，终凝时间不宜大于24h；混凝土的密度不宜小于2100kg/m³。最终确定的配合比和性能指标见表1和表2。

表1 防渗墙塑性混凝土配合比 单位：kg/m³

配合材料	水	水 泥	粉 砂	膨润土	外加剂
分量	475	235	875	155	9

表2 防渗墙塑性混凝土性能指标

指标	流动度/s	容重/(g/cm³)	渗透系数/(10^{-6}cm/s)	7d强度/MPa	28d强度/MPa
参数	21	1.81	6.13	2.4	4.7

3.2 导墙施工

为保护槽口及槽段的完整性和位置的准确性，防止槽壁顶部坍塌，防渗墙施工前设置导墙。导墙为C形，结构本身可以自稳，导墙内可用黏土填实，辅助矩形卡槽，确保导墙稳定。导墙为钢筋混凝土结构，墙高1.5m，墙顶高程和施工平台齐平，导墙分段施工，先进行底板及侧墙施工，后以土方回填压实，再进行顶板施工。

3.3 泥浆制备

为确保泥浆的质量，选用优质钠基膨润土制备泥浆，分散剂选用工业碳酸钠，并适当添加增黏剂。泥浆拌制选用高效、低噪音的ZJ－1500型高速回转搅拌机，并按照设计的配合比配制泥浆。

储存在循环池中的泥浆，一部分来自旧泥浆的再生处理，一部分需重新配制。废旧泥浆液主要采用物理再生处理方式，即重力沉淀处理。在单元槽段浇筑混凝土过程中，利用泥浆泵将废旧浆送回沉淀池，经过沉淀，浆液中的土渣粗粒沉淀到池中，较轻的浆液浮在液面，并回流到循环池中。当池中的浆液性能指标达不到设计要求时，需再加入外加剂等材料进行再生处理。

泥浆沉淀池中的废浆用泥浆泵抽到泥浆车中，外运排弃至业主指定的地点，泥浆外运车辆采用全封闭式运输车，避免对环境造成污染。

3.4 槽孔开挖

采用钻抓法进行成槽施工。槽段划分为Ⅰ序、Ⅱ序槽段，先施工Ⅰ序槽段，再施工Ⅱ槽段，各标准槽段长度均为6.8m，最深槽段约为30m。施工前，在槽孔两端设置测量标桩，根据标桩确定槽孔中心线并始终用该中心线校核、检验所成墙体中心线的误差。孔位允许偏差不得大于3cm，不同方向都应满足此要求。钻头的直径和抓斗宽度决定了墙的厚度，故每一槽段终孔时钻头直径及抓斗宽度均不得小于墙的设计厚度，在槽孔内任一部位均可顺利下放钻头，并且可在槽孔内自由横向移动。各槽段土方统一由自卸车运输至指定地点存放。

进行槽孔建造时，输入槽孔以合格的泥浆，泥浆液面保持在导墙顶面以下 300～500mm，造孔完成后进行终孔检验，合格后方可清孔，孔斜率不大于 4‰，孔壁应平整垂直，不应有梅花孔、小墙等，清孔换浆完成 1h 后进行检验，孔底淤积厚度不大于 100mm。基岩岩样是槽孔嵌入基岩的主要依据，按顺序、深度、位置编号，填好标签，装箱，妥善保管。

3.5 混凝土浇筑

3.5.1 导管准备

（1）混凝土浇筑导管采用丝扣连接的 250mm 钢管，应在每套导管的上部和底节管以上部位设置数节长度为 0.3～1.0m 的短管，导管底口距槽底应控制在 150～250mm 范围内。

（2）导管使用前做调直检查、闭水试验、圆度检验、磨损度检验和焊接检验。检验合格的导管设置醒目的标识，不得使用不合格的导管。

（3）导管在孔口的支撑架用型钢制作，其承载力大于混凝土充满导管时总重量的 2.5 倍。

3.5.2 导管下设

（1）导管下设前需配管并作配管图，配管应符合规范要求。

（2）导管按照配管图依次下设，每个槽段布设两套导管，导管安装应满足如下要求：导管中心距不应大于 4.0m。当采用一级配混凝土时，导管中心距应不大于 5m。导管中心至槽孔端部或接头管壁面的距离宜为 1.0～1.5m。当孔底高差大于 25cm 时，导管中心置放在该导管控制范围内的最低处，并从最低处开始浇筑。

3.5.3 混凝土开浇及入仓

（1）混凝土搅拌车送混凝土进入槽口，再利用料斗进入导管。

（2）混凝土开浇时采用压球法，每个导管均下入隔离塞球。开始浇筑混凝土前，准备好足够的混凝土，以使隔离的球塞被挤出后能将导管底端埋入混凝土内。

（3）混凝土必须连续浇筑，槽孔内混凝土上升速度为 2m/h 以上，并连续上升至墙顶有效高程。

（4）混凝土面应均匀上升，各处高差应控制在 500mm 以内；相邻导管底部高差不宜超过 3m。

3.5.4 浇筑过程的控制

（1）导管埋入混凝土内的深度保持在 2～6m，以免泥浆进入导管内。

（2）至少每隔 30min 测量一次槽孔内混凝土的深度，每隔 2h 测定一次导管内混凝土的深度，在开浇和结尾时适当增加测量次数，根据每次测得的混凝土表面上升情况，填写浇筑记录，绘制浇筑指标图，核对浇筑方量，指导导管拆卸。

（3）严禁不合格的混凝土进入槽孔内。

（4）浇筑混凝土时，孔口设置盖板，防止混凝土散落到槽孔内。槽孔底部高低不平时，从低处浇起。

（5）混凝土浇筑时，在槽孔入口处随机取样，检验混凝土的物理力学性能指标。

（6）浇筑混凝土时，如发生质量事故，立即停止施工，并及时将事故发生的时间、位置和原因分析报告监理人，除按规定进行处理外，还将处理措施和补救方案报送监理人批准，按监理人批准的处理意见执行。

3.5.5 混凝土质量过程控制

在每个槽孔完成混凝土浇筑量的1/6、3/6、5/6时应分别做现场坍落度试验，制作混凝土试块，每组试块应按规范要求制作、养护，确认达到7d、28d龄期后做室内检测试验。取样数量应满足抗压、抗渗、弹性模量的试验要求。

3.6 效果分析

塑性混凝土防渗心墙施工，对宁都县团结水库大坝起到了防渗除险加固的作用，延长了大坝的生命周期，保护了周边人民群众的生命财产安全。防渗心墙建成后，为团结水库提高坝体的稳定性和抗渗性、防汛抗旱以及后期增加库容（2450万m^3）等提供了有力的安全保障。同时，作为梅江灌区的水源地之一，它为宁都县22个乡镇，共58万亩农田灌溉和城乡79万人口供水提供了有力保障。

4 结语

本文基于宁都县团结水库除险加固工程塑性混凝土防渗墙的施工过程，掌握了类似堤防工程除险加固防渗墙的施工工艺和质量控制标准，对于类似水库、堤防、围堰等塑性混凝土防渗墙的施工提供了可借鉴的实例。

大型长距离输水箱涵施工工艺

刘兴峰　路　涛　陈　进

【摘　要】本文通过对驷马山滁河四级站干渠（江巷水库近期引水）工程施工2标项目及引江济淮工程江水北送段H003-1标输水暗涵移动式钢模台车施工工艺实践进行研究，总结了在工期紧张、大孔径、长度长、外观质量要求严格条件下的混凝土箱涵工程的模板台车浇筑混凝土施工经验。

【关键词】输水暗涵　长度长　移动式　钢模台车

1　引言

驷马山滁河四级站干渠（江巷水库近期引水）工程施工2标项目输水暗涵桩号为18+600～22+176，分为近期和远期，并列走向，中间净距为4m，采用同槽明挖施工。近期、远期输水暗涵均为一孔C30钢筋混凝土箱涵，箱涵孔口净空尺寸为4.0m×4.0m，涵壁厚0.7m，倒角尺寸为0.5m×0.5m，单孔暗涵总长约为7.15km。该项目输水暗涵结构较单一，但工程量大，重复性工序多，施工周期长，外观质量要求高，深基坑内施工受雨水影响大。针对以上特点，采用了移动式钢模台车施工工艺，大大缩短了模板的支护、拆除及外脚手架的搭设时间，加快了施工进度，同时保证了混凝土外观质量。

2　箱涵施工模板拼装原理

2.1　箱涵内模及支撑

以模板台车作为箱涵的内支撑，将涵体内模拼装成模板台车，利用卷扬机向前整体牵引，实现内模一次拼装、整体移动的效果，避免了顶板脚手架的反复装拆及模板的反复拼装，提高了工效，加快了施工进度。

模板台车系统由台车、顶板模板和侧墙模板三部分组成。台车和顶板模板一次支模调整完成后，顶板模板系统整装整拆；台车整体由下侧的支撑顶起完成支模，支撑千斤顶下降，依靠台车和顶板模板的自重整体下降脱离混凝土，利用人力或牵引设备向前整体牵引，完成拆模。内模采用定制模板台车，长12m，每隔2m设计一个内支撑架，面板厚4mm，主骨架大梁采用16号工字钢，连接板厚12mm；外模选用组合钢模并与台车配套使用。

2.2 箱涵外模及支撑

外模是将钢模拼接成整体，再用汽车吊吊装立模；外模外侧附着脚手架，避免了外脚手架的反复装拆；竖向背楞加长形成上部临边防护栏杆，避免每节涵洞都搭设临边防护。多项举措进一步提高了工效，加快了施工进度，同时加强了安全保障。

外模选用面板为4mm厚的组合钢模板，模板肋板采用5mm×50mm扁钢，横向间距为250mm，竖向间距为300mm。其背楞采用直径为36mm的钢管，间距为750mm，长度超出侧模上口1.5m，后期兼作防护栏杆使用。模板拼接完成后，以3.0m×3.9m连接成为一个整体，上部使用直径为16mm的圆钢制作成吊环，使原本需要48块钢模拼接的侧模简化成4块组合钢模板，实际运用中也可使用整体钢模。竖向背楞加长形成上部临边防护栏杆，外膜外侧附着脚手架，避免了外脚手架的反复装拆。

3 移动式模板台车施工的优点

大型长距离输水箱涵采用移动式钢模板台车相对于传统的拼装模板有以下优点：

（1）整体性好。台车桁架的整体性较好，且各部件具有可拆性，部件间以连接钢板及螺栓连接，且在桁架下部装设行走装置，实际施工时可利用其下部行走装置整体移动。

（2）简易性好。箱涵内部用定型钢桁架作支撑系统，前期投入较大，但在后期运行过程中不需要大量的人工和机动设备来搬运钢架管和模板，大量减少了人工费用。

（3）机动性强。钢模台车在相邻箱涵之间甚至短距离移动都较为方便快捷，省去了大量安装和拆卸的时间，对工程成本和工期控制有利。

（4）周转期短，施工进度快。模板台车每4d可以完成（从钢筋安装至拆模）一个施工段，而组合钢模需要7～10d。

4 工程实施

4.1 工艺流程

大型长距离输水箱涵施工工艺流程如图1所示。

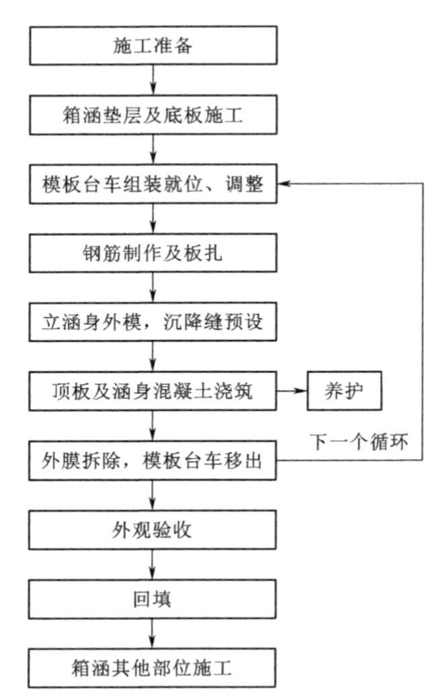

图1 大型长距离输水箱涵施工工艺流程

4.2 模板台车组装

台车由台车主梁和门架组成，构成主要的竖向力承受系统。门架下横梁设置水平支撑，在支模状态时必须把下支撑安装螺栓拧紧。将7榀门架连成一个整体。台车在组装过程中必须注意以下几点：

（1）两台车主梁必须平行，否则台车在牵引过程中不能顺利行走。可以用检测对角线的方法加以调整。

（2）门架必须在同一标高上，门架顶面保证水平，否则影响顶板模板的水平。

（3）台车组装调试完毕后，将模板平放于脚手架支撑的方钢横梁上，模板之间用连接螺栓组拼。

（4）模板就位前，必须在背楞上设置模板就位控制线，模板安装分节、分组进行。

（5）单节台车模板安装完毕后，对模板的位置和水平进行调整，必要时可以局部点焊固定。

4.3 模板台车就位

第一次支模时，将组装好的台车牵引到模位，调整好前后和左右的距离后，用8台10t螺旋千斤顶（行程最小为100mm）将台车整体顶升到标高（此标高应该比设计标高高出10～15mm，给混凝土浇筑竖向荷载施加后台车的整体下沉留出余量，具体高度根据现场确定，此时台车轮子距离底板80～100mm，此距离为顶板模板拆模后脱离混凝土顶板的距离），在台车主梁门架位置用支撑千斤顶将台车顶紧。

在顶升过程中，应由8人配合操作，每人控制1台千斤顶，步调保持一致，防止台车倾倒或整体滑移。使用千斤顶时应注意检查千斤顶是否正常良好、放置是否平整，为防止侧滑，应在千斤顶下垫支座，并确保手柄动作方向和角度范围内无障碍物。

顶升到位后，用千斤顶将台车撑到已经浇注成型的混凝土墙体上，防止浇筑顶板混凝土时高度差产生的水平推力过大而使台车侧移。

利用调节丝杠将模板调整到位，加以固定。模板台车拼装合格、涵体钢筋骨架绑扎验收完成后，进行外模拼装——采用汽车吊进行对称安装，并采用M20螺栓作拉杆加以固定。合模前必须将模板内的杂物清理干净，涂刷优质的脱模剂，接缝处用双面海绵胶条连接，将海绵胶带的厚度压缩至最小，以便控制接缝的宽度，防止混凝土浇筑过程中出现漏浆、错台、表面粗糙等现象，确保涵身的外观质量。

4.4 钢筋、混凝土施工

钢筋制作时，应根据下料的长度合理搭配并选择原材料（尤其是螺纹钢筋）的长度，以减少或优化施工中的搭接及焊接等情况。加工主筋时，在符合现行施工规范及验收标准要求的情况下，尽量取允许误差内的负值，以便钢筋安装时上下、左右侧保护层的厚度得到保证。钢筋不宜提前过早加工，以免钢筋出现生锈情况，应合理安排且不影响施工。如果出现特殊情况，钢筋确实需要长时间暴露，宜在钢筋骨架表面喷涂水泥浆加以保护。

混凝土是涵洞施工质量的一个重要因素，混凝土的坍落度应控制在85mm为宜，混凝土在振捣过程中应快插慢出，以便消除混凝土中的气泡，但时间不能过久，防止过振。混凝土入模厚度以30～40cm为宜。

模板和支架安装经监理工程师检验合格后进行混凝土浇筑。边墙和顶板混凝土一次浇筑成型。底板及腹板底部肋角以上35cm的混凝土强度达到50%后，即可绑扎边墙和顶板钢筋，报检合格后架立边墙和顶板模板。边墙和顶板模板采用大块钢模板拼装，内模采用移动式模板台车，外模采用组合钢模。其顶部及底部用ϕ28mm拉杆固定，内外模独立加固。安装模板时，模板拼缝内、模板与已浇筑混凝土接触边缘均贴双面海绵胶条，且施工缝用砂浆处理，防止漏浆。人工配合机械进行安装，以槽钢、钢管、蝶形卡钩头螺栓等作为加固铁件。内模台车及外模板安装和支撑结束后，在混凝土浇筑前对内模台车及外模板支撑、节点连接及模板垂直度进行检查，保证涵身在混凝土浇筑过程中不因人为或小型机具的作用而产生变形。

边墙混凝土采用插入式振捣器和附着式振捣器交替浇注并捣固密实，顶板混凝土采用插入式振捣器和平板振捣器交替浇注并捣固密实。混凝土浇筑时，分层厚度控制在 35cm 左右。顶板混凝土严格控制标高、横坡和平整度，并注意覆盖养生，养生时间不少于 14d。沉降缝处设 2cm 厚、与涵洞相应横断面等宽等长的闭孔泡沫板。

为了保证水平施工缝不渗水，提前采用上底 5cm、下底 3cm、高度 5cm 以及和涵洞对应长度的方管条与钢板拼接组成止水模板，预留企口，待底板混凝土强度达到 1MPa 并保证模板棱角不被破坏时再取出，以延长水流的渗透路径，提高抗渗效果。

4.5 模板台车的拆卸及移动

顶板混凝土强度达到设计拆模强度后，方可进行顶板拆模。

(1) 利用可调支撑丝杆将模板收缩 8°左右，此时模板挂在台车上。

(2) 慢慢下降螺旋千斤顶，使台车在自重作用下脱离顶板混凝土。采取沿台车的纵向先下降一端，再依次下降的施工顺序下降千斤顶，不能同时下降 8 个点的千斤顶。

(3) 依次完成千斤顶下降，使台车轮下降到混凝土底板上，完成脱模过程。

5 效益分析对比

经对现场施工进行总结，台车具有操作灵活、方便、行走自如、整体刚度好、没有出现变形现象等特点。采用普通标准小钢板并将之拼装成整体，使用汽车吊吊装立模，节约了小钢板拼接的劳动力投入，减少了板缝，增加了整体刚度，混凝土表面光滑平整，接缝处平滑程度高，无错台现象。在台车底部设置行走结构，配以机械作为台车前进的牵引力，与传统的台车相比，该箱涵模板台车行走轮较大，行走更方便。台车在相邻段施工时，可整体移动，大量减少相邻段箱涵施工时的模板及台车重复拼装。在进行模板调整时，传统的方法是将千斤顶设置在台车顶部，此时调整为设置在钢模台车底部，如此模板调整较为容易，可大量减少模板调整所需人工。外模外侧附着脚手架，避免了外脚手架的反复装拆，竖向背楞加长形成上部临边防护栏杆，避免每节涵洞都搭设临边防护，降低了投资成本和劳动强度，提高了工效，加快了施工进度。采用模板台车施工箱涵，从钢筋安装到拆模，模板台车每 4d 可以完成一个施工段，而组合钢模需要 7～10d 时间，倒模周期短，大大加快了施工进度，在节约工期方面效果明显，质量也有了保障。

6 结语

根据驷马山滁河四级站干渠（江巷水库近期引水）工程施工 2 标及引江济淮工程江水北送段 H003－1 标输水暗涵工程模板台车浇筑混凝土施工，本文对工期紧张、大孔径、长度长、外观质量要求严格的混凝土箱涵施工技术展开了研究，重点从模板拼装、拆卸、移位等方面对现有技术进行改进，显著提高了施工效率，缩短了施工工期，降低了施工成本，提高了施工质量，可为类似工程提供借鉴。

富含承压水粉细砂层地质条件下泵站基坑降水设计

陈永刚　唐　武　张明明

【摘　要】 本文对引江济淮江水北送段亳州市龙德泵站基坑降水设计的实践进行阐述，总结了上层为粉细砂夹砂壤土潜水层和粉细砂承压水层、中间为粉质黏土微透水层、下层为高水头粉细砂承压水层这一多层复杂地质条件下周边邻近建筑物泵站基坑降水设计经验，可为类似工程提供借鉴。

【关键词】 承压水层　多层地质　基坑降水　邻近建筑物

1　引言

引江济淮项目（安徽段）江水北送段 H003－1 标龙德泵站工程，地处安徽省亳州市谯城区龙扬镇。龙德泵站位于西淝河与龙凤新河交汇处上游的西淝河上，西淝河流域地质分为三层，上层为粉细砂夹砂壤土潜水层和粉细砂承压水层，中间为粉质黏土微透水层，下层为高水头粉细砂承压水层，地质条件复杂，地下水丰富。由于各地层地质条件存在差异，加之存在丰富的地下水承压水，在深基坑开挖前做好降水设计尤为重要。

2　降水设计背景

引江济淮项目（安徽段）江水北送段 H003－1 标龙德泵站开挖深度约为 16m。设计基坑开挖边线距离现有加压站约 10m，站址区地下水以孔隙潜水和孔隙承压水为主。孔隙潜水主要赋存于上部黏性土层中，孔隙承压水赋存于第③、第⑤、第⑩层粉细砂层中，其中第③、第⑤层承压水头约为 1.5m，第⑩层粉细砂层承压水头约为 26.3m。河底高程为 23.70～23.88m，第③、第⑤层粉细砂层地下水与河水水力联系密切，地下水主要接受河水和大气降水补给，随季节变化明显，汛期河水位高，地下水向远离河流方向运动，枯水期则反之。勘察期间测得钻孔综合水位为 29.73～29.98m。各砂土层允许水力比降和渗透系数见表 1。

表 1　各砂土层允许水力比降和渗透系数

层号	土层名称	渗透系数/(cm/s)	渗透性等级	允许水力比降	渗透变形类型
①	重粉质壤土、粉质黏土	2.0×10^{-6}	微透水	0.55	流土
②	中粉质壤土	2.0×10^{-5}	弱透水	0.45	流土

续表

层号	土层名称	渗透系数/(cm/s)	渗透性等级	允许水力比降	渗透变形类型
③	粉细砂夹砂壤土	$3.00\times10^{-3}\sim1.5\times10^{-2}$	中等透水-强透水性	0.15	流土为主，少数管涌或过渡型
⑤	粉细砂	$4.0\times10^{-3}\sim8.5\times10^{-3}$	中等透水	0.16	管涌
⑥	轻中粉质壤土	6.0×10^{-6}	微透水	0.40	流土
⑦	重粉质壤土、粉质黏土	1.0×10^{-6}	微透水	0.40	流土
⑧	轻粉质壤土	5.0×10^{-5}	弱透水	0.30	流土
⑩	粉细砂	1.0×10^{-3}	中等透水	0.14	流土为主，少数管涌或过渡型

3 降水设计需考虑的因素

该工程泵站区域降水设计需考虑施工区域的工程地质、水文地质、开挖边界、周边建筑物等多种因素的影响，具体需包括以下几个方面：

（1）基坑为上层粉细砂夹砂壤土和粉细砂层，中间为黏土层，下层为粉细砂层，自稳能力差，基坑降水设计需考虑开挖区域含水量对边坡稳定的影响。

（2）基坑上层和上层含有承压水，中间为隔水层，其中下层承压水头为 26.3m，水头压力大，基坑降水设计需要考虑下层承压水对坑底的影响。

（3）基坑开挖边线距离现有的加压泵站最近约 10m，基坑降水设计需要考虑地下水位变化对加压站的影响。

4 降水设计方案

考虑到以上各种因素的影响，该基坑施工设计采取高压摆喷截渗墙＋减压井＋降水井三种方式结合的方式降水。

4.1 高压摆喷截渗墙设计

为阻断地下水的渗流通道，降低降水对现有加压泵站的影响，同时增加降水井的降水效果，泵站基坑设计采用高压摆喷截渗墙围封。围封结构采用高压喷射灌浆三管法施工，摆角 30°，每幅成墙长度为 1.0m，搭接 0.3m，成墙厚度为 12～30cm，从 28m 平台施工，成墙深度为 18m，墙底高程为 10.00m。喷射注浆分两序或三序施工（遇串浆、串风现象，分成三序施工）。相邻孔施工间隔时间不宜少于 72h。喷射注浆应连续进行，喷射提升需要卸管时复喷段不小于 20cm。因停水、停电或机械故障等意外原因造成喷射注浆中断时间过长，恢复喷浆时应将喷头下放至原喷顶高程以下不小于 0.5m 处进行复喷，采取重复搭接的方法以保证上下墙体的连续性。在喷射注浆过程中，如果出现返浆异常（例如返浆量过小、不返浆、断续返浆），根据实际情况可采取降低提速、静喷、增大浆液密度、孔口填入细砂等办法加以处理，待孔口返浆正常后恢复喷射。为保证基岩层与砂砾石层、砂砾石层与心墙黏土层、基岩与心墙黏土层接触段墙体连接紧密，喷射过程中对接触段采取静喷或复喷处理。特别是两岸段旋喷孔距较大时，基岩与心墙黏土层接触段复喷两次，复喷段长度为 0.3～0.5m，有意加大喷射半径以保墙体有效连接。施工过程中，库水位和坝下水位差形成的坝基渗流会影响旋喷灌浆施工质量，为消除和减小坝基渗流对旋喷灌浆施工的不利影响，在浆液中掺加速凝剂，以缩短浆液凝结时间。

4.2 减压井设计

管井深入至第⑩层粉细砂承压水层底，第⑩层以上采用不透水混凝土管，外部采用黏土回填，防止下层穿越中间隔水层与上层连通。深入到第⑩层粉细砂承压水层的部分采用无砂管，外部采用反滤料回填。

根据《建筑基坑支护技术规程》(JGJ 120—2012) 及《建筑与市政工程地下水控制技术规范》(JGJ 111—2016)，基底至第⑩层承压水层顶土层所能承受的突涌水压力的计算公式为

$$\frac{D\gamma}{h_w\gamma_w} \geqslant K_h \tag{1}$$

式中 D——承压水含水层顶面至坑底的土层厚度，m；

γ——承压水含水层顶面至坑底的天然重度，kg/m^2；

h_w——承压水含水层顶面的压力水头高度，m；

γ_w——水的宽度，m；

K_h——突涌稳定安全系数，取 1.2。

计算得$h_w=15m$。

第⑩层承压水层的承压水头为 26.3m，则承压水位应降至 $D+h_w=23.85m$，为保证基坑安全，将承压水位降至 20.85m，基坑地下水位设计降深为 26.3－12＝14.3 (m)。

根据《建筑基坑支护技术规程》(JGJ 120—2012)，群井按大井简化时，均质含水层承压水完整井的基坑降水总涌水量的计算公式为

$$Q=2\pi k\frac{Ms_d}{\ln\left(1+\frac{R}{r_0}\right)} \tag{2}$$

式中 Q——总涌水量，m^3；

k——第⑩层渗透系数，见表 1；

M——承压水含水层厚度，m；

s_d——基坑地下水位设计降深，m；

R——降水影响半径，$R=10s_w\sqrt{k}$，s_w 为井水位降深，m；

r_0——基坑等效半径，m。

计算得 $Q=498m^3/d$。

根据《建筑基坑支护技术规程》(JGJ 120—2012)，管井的单井出水能力的计算公式为

$$q_0=120\pi r_s l\sqrt[3]{k} \tag{3}$$

式中 q_0——单井涌水量，m^3；

r_s——过滤器半径，m；

l——降水井过滤器工作长度，m；

k——第⑩层渗透系数，见表 1。

计算得 $q_0=560m^3/d$。

降水井数量 $n=\frac{1.2Q}{q_0}=1.07=2$（口）。

为提高保险系数，在泵站主体结构周围布置2口减压井。

4.3 降水井设计

管井穿过第⑤层承压水层底至中间微透水层，深入微透水层的深度为1.5m，管井采用内径为400mm的无砂管。根据《建筑基坑支护技术规程》（JGJ 120—2012），群井按大井简化时，均质含水层承压水一潜水完整井的基坑降水总涌水量的计算公式为

$$Q=\pi k\frac{(2H_0-M)M-h^2}{\ln\left(1+\frac{R}{r_0}\right)} \tag{4}$$

式中　k——第③、第⑤层渗透系数，见表1；

H_0——承压水含水层的初始水头，m；

M——承压水含水层厚度，m；

h——降水后基坑内的水位高度，m；

R——降水影响半径，$R=10s_w\sqrt{k}$；

s_w——井水位降深，m；

r_0——基坑等效半径，m。

则 $Q=4247\text{m}^3/\text{d}$。

根据管井的单井出水能力的计算公式［式（3）］，$q_0=120\pi r_s l\sqrt[3]{k}=337$（$\text{m}^3/\text{d}$），降水井数量 $n=\frac{1.2Q}{q_0}=15.2=16$（口）。

沿泵站主体结构四周布置16口降水井，井间距约为17.5m。截渗墙、降水井及减压井布置如图1所示。

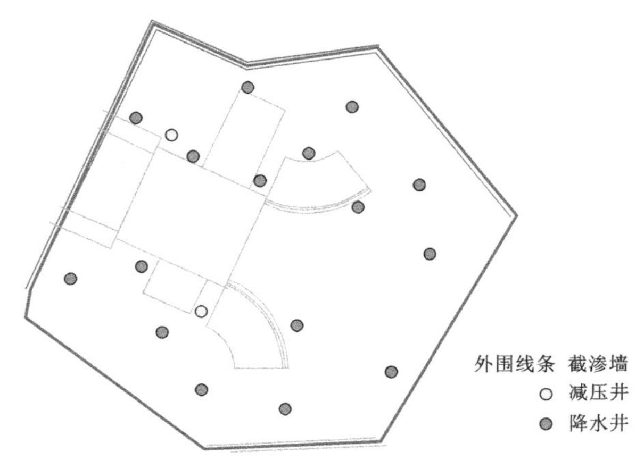

图1　截渗墙、降水井及减压井布置

4.4 管井运行管理

管井运行过程中及时、准确地记录观测井水位，以此检验方法的正确性及降水效果。施工现场应备有备用发电机。降水井成井施工过程中和降水运行中如出现电网断电，则启用现场备用发电机及时供电。备用电源与现场电网连接，停电时备用电源自动联电系统启动并通电，确保降水的电源不间断，以保证连续不间断降水。

4.5 管井回填

底板浇筑完成后用碎石回填无砂管井至底板设计高程。

4.6 封井

最后用带有反滤孔的钢板覆盖于无砂管上，将钢板与无砂管和底板混凝土通过预埋螺栓连接在一起。用螺栓将钢板固定在混凝土上，防止被涌水顶起或被流水冲走。钢板上的

反滤孔可以兼作永久反滤排水孔，从而保障建筑结构的质量与安全。

5 效果分析

引江济淮江水北送段 H003 - 1 标龙德泵站基坑按照基坑降水设计要求开展高压摆喷截渗墙、减压井及降水井的施作和运行，施工期间降水效果明显，保证了基坑的干作业施工，周边加压泵站无沉降，验证了基坑降水设计的可靠性。

6 结语

本文基于引江济淮江水北送段 H003 - 1 标龙德泵站基坑降水方案的设计过程，总结了富含承压水粉细砂层地质条件下建筑物基坑的降水设计方法及理论，为相似工程地质及水文地条件下基坑开挖降水设计提供了可借鉴的实例。

富含钙质结合体粉细砂层成井施工工艺

陈永刚　唐　武　杜方青

【摘　要】本文根据对引江济淮江水北送段亳州市龙德泵站基坑降水井施工工艺实践，总结了在上层为粉细砂夹砂壤土和粉细砂层、中间为黏土隔水层、下层为含承压水粉细砂层的地质条件下，降水井成井的施工经验，可为类似工程提供参考。

【关键词】引江济淮项目　正循环钻进　反循环钻进

1　传统成井施工工艺的缺点

引江济淮项目（安徽段）江水北送段H003－1标龙德泵站工程，地处安徽省亳州市谯城区龙扬镇。龙德泵站位于西淝河与龙凤新河交汇处上游的西淝河上，开挖深度约为16m。泵站地基地质分层有三层：上层为粉细砂夹砂壤土和粉细砂层，中间为黏土隔水层，下层为含承压水的粉细砂层，地下水主要以孔隙潜水和孔隙承压水为主。龙德泵站基坑开挖需采用降水井降水。现有和传统的成井施工工艺缺点如下。

（1）传统成井技术是采用正循环或者反循环的成井工艺，作业于含水较多且含有钙质结合核体和粉细砂的非均质饱水厚层粉细砂层，往往表现出钻杆易断裂、护壁效果差、易坍塌等缺陷。同时，现有的单一循环钻井方式难以快速成井，这是由于粉细砂夹砂壤土中的钙质结核体是碳酸钙组成的结核状自生沉积物，具有质地黏重、结构性差、垂直裂隙发育较多但孔隙小、胀缩性大、土壤蓄水能力和保水能力差，又易干裂跑墒等特点。粉细砂层颗粒较细，极容易出现流砂、塌孔、埋钻等情况。

（2）现有成井工艺作业于厚层饱和砂层，多采用由膨润土和纯碱组成的黏土护壁，但膨润土加水后会膨胀成糊状，容易将粉细砂中的透水线堵死，影响降水井的透水性，无法保证后期降水效果。

（3）现有成井工艺钻头多为普通三翼刮刀循环钻头，在成井过程中，井壁的粉细砂易脱落，造成塌孔或缩径，无法保证成井效果，后期管井抽水效果差，效率低。

2　工艺改进

采用传统成井工艺在粉细砂夹砂壤土层与粉细砂复合地层等特殊地质条件下施工时，会遇到护壁难、成孔难、易塌孔、易埋钻等问题，一旦膨润土护壁用量过大，还会影响降水井透水性。该工程从三个方面改进成井施工工艺，即正循环和反循环结合钻孔、配制新的化学护壁泥浆以及钻头外设护壁钢管。三项改进既有各自的积极效果，又相辅相成，共同作用，实现了特殊地质条件下钻井施工井壁护壁良好、稳固不塌方，护壁浆液超时效后水溶，既保障正常快速钻进，又不影响降水井透水性的效果。

2.1 钻进方式

上层粉细砂夹砂壤土地质采用正循环钻机钻进。正循环作业泥浆稠度高，护壁效果好，利于管井上部的粉细砂夹砂壤土层的井壁稳定，不易塌孔，同时解决了在该地层钻进时容易出现的流砂、塌孔、埋钻问题，还可以防止砂浆石堵管，利于成井。

钻进到下层纯粉细砂地质改用反循环钻机钻进。反循环钻机成孔速度快、效率高，且成孔残渣少，便于后期清孔。

2.2 改良泥浆配比

化学护壁泥浆包括玉米淀粉、纤维素、纯碱、聚丙烯酰胺以及适量水。利用该配方中的玉米淀粉、纤维素以及聚丙烯酰胺代替膨润土，不仅能保证护壁效果，且该配方具有一定时效的水溶性，护壁泥浆超时效后水溶，可保障正常钻进，又不影响降水井透水性。表1为改良泥浆原材料配合比。

表1　改良泥浆原材料配合比

材　料	玉米淀粉	纤　维　素	纯　碱	聚丙烯酰胺
占比/%	94	1	2	3

配置好的泥浆黏度为25%～30%，pH值为8～10，比重为1.09～1.15。

2.3 钻头加装钢筒

在钻头顶部连接一个与钻头外径一致的光滑护壁钢筒。护壁钢筒与钻杆同轴设置，且两者之间有存在一定间距的泥浆通道，护壁钢筒的上下两端均不封闭，以便于泥浆流通。钻头高速旋转时产生的离心力将泥浆甩到井壁上，护壁钢筒随钻头高速旋转时与井壁上的泥浆接触并将泥浆压实抹匀。

图1为钻头改装示意图。

3 实施过程

3.1 过程控制的技术关键点

3.1.1 钻头改装

将1.5mm厚的钢板按图纸切割并焊接成上下缩径的钢筒形，用固定筋固定在循环钻机钻头上部约10cm位置。钢筒保持真圆，轴心位置与钻杆重合，并焊接牢固。

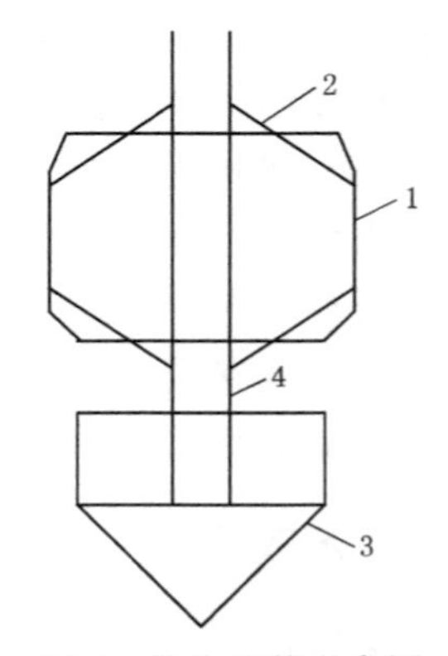

图1　钻头改装示意图
1—加装的钢护筒；2—固定筋；3—循环钻三翼钻头；4—钻杆

3.1.2 泥浆制备

按照表1中的配比制备护壁泥浆。护壁泥浆制备好后先做试验，达到预期要求方可使用。泥浆要根据钻井的进度随用随制，以保证其各项性能指标。

3.1.3 正反循环工艺切换

上层地层含有砂浆石，采用正循环模式慢速慢钻，保证护壁及出渣效果，待出渣仅剩粉细砂时，改用反循环工艺，迅速钻进成井。

3.1.4 投放滤料

无砂管井埋置完成后要先注入清水稀释泥浆，待泥浆密度不大于1.05%时，方可投入滤料，以保证后期管井运行过程中滤料的透水性。

3.2 施工工艺流程

成井施工工艺流程如图2所示。

3.2.1 施工准备

（1）技术准备。现场专职技术人员依据设计图纸、地勘报告、水文资料等相关资料编制基坑降水专项施工方案。针对专项施工方案，尤其是方案中的技术关键部位和关键点，对施工人员进行技术和安全交底。

施工前还应与业主、设计方联系，调查清楚场地及其周边的各类管线及建筑物，以确保钻井工作不对地下管线和周围建筑物、环境等造成破坏。

根据专项方案对设备技术人员进行钻头改装图纸交底。

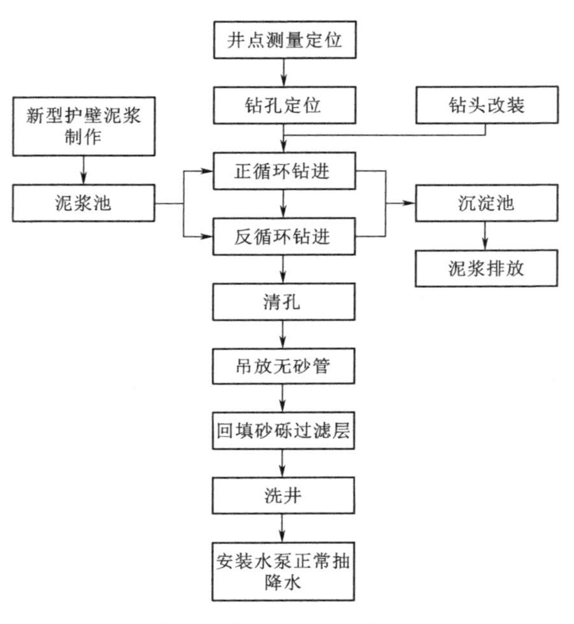

图2 成井施工工艺流程

（2）人员准备。根据现场施工合理配置现场人员，一般配置管理人员1人、技术人员1人、设备操作人员2人、设备维修人员1人、电工1人、力工4人，以满足施工需求。

（3）设备准备。按照图纸改装钻机钻头，改装完成后试钻，满足施工要求后运至现场组装。每台钻机至少配备1个备用钻头，配备适量小型随车吊及泥浆泵。施工用水、用电接到现场，设置配电箱，每个降水井设置1个控制电源，同时配备足够功率的备用移动电源。提前按照出水量设计及管井尺寸采购足量潜水泵。

（4）材料准备。提前按照降水井的设计长度，将预制无砂管运至现场预定的位置，并按施工顺序堆放在孔位附近；备好滤料、滤网、竹片、铁丝等材料；提前按照专项方案要求备足玉米淀粉、纤维素、纯碱、聚丙烯酰胺等护壁泥浆制备材料。

3.2.2 钻头改装

选择合适的热轧钢板，按图纸尺寸进行切割，并焊接成直径与钻头一致的钢筒形。钢筒及焊缝的表面用角磨机打磨光滑，调整钢筒的圆度并用固定筋固定在循环钻机钻头上部。钢筒固定须牢固可靠，钢筒与钻杆平行且轴心位置与钻杆重合。

3.2.3 测量定位及护筒安装

（1）测量放线。根据设计图纸用全站仪现场进行井位精确放样。在井中心位置钉上中心桩，拉十字线放出4个控制桩，以4个控制桩为基准埋设护筒。施工中要妥善保护好控制桩，不得移位和丢失，并在钻孔前复测，待监理验收合格后进行井孔施工。

（2）护筒安装。护筒为钢护筒，护筒的内径比井孔直径大 20～40cm。桩位校核无误后，人工埋设护筒。护筒中心轴线位于孔位中心，并严格保持护筒的竖直度。护筒高出地面 0.3m，高出正常水位 1～2m，护筒周围用黏质土对称、均匀地回填，并分层夯实。护筒埋设完毕，在护筒上标出降水井中心位置。

3.2.4 泥浆池挖掘和泥浆制备

（1）泥浆池挖掘。计算每口井的泥浆用量，并根据专项方案布置图在井口旁边选择合适的部位挖泥浆池。泥浆池的位置和尺寸需确保每口井的泥浆供应，且不能溢出，并满足成井出渣要求。

（2）泥浆制备。当钻孔设备就位后，根据设计配合比称取相应重量的玉米淀粉、纤维素、纯碱、聚丙烯酰胺并加水搅拌。当测得的泥浆黏度为 25%～30%，pH 值为 8～10、比重为 1.09～1.15 时方可使用。钻机钻进过程中实时监测泥浆配比，保证泥浆护壁效果，同时利于后期管井运行。

3.2.5 钻机就位成孔

（1）正循环钻进。护筒埋设的同时调整钻机的位置及平整度，待泥浆制备完成后开始钻进成孔。钻机在上层粉细砂夹砂壤土中采用正循环成孔钻进，钻孔过程需低速慢进，尽量减少对井壁周围土层的扰动。

（2）反循环钻进。在正循环钻进过程中时刻监测出渣情况，当出渣中只含有粉细砂时，钻进改为反循环模式。反循环成孔较快，可快速成井。钻进过程中须填写施工记录，扩孔竖向误差（倾斜角）为 15%。

正循环和反循环钻进施工示意图如图 3 所示。

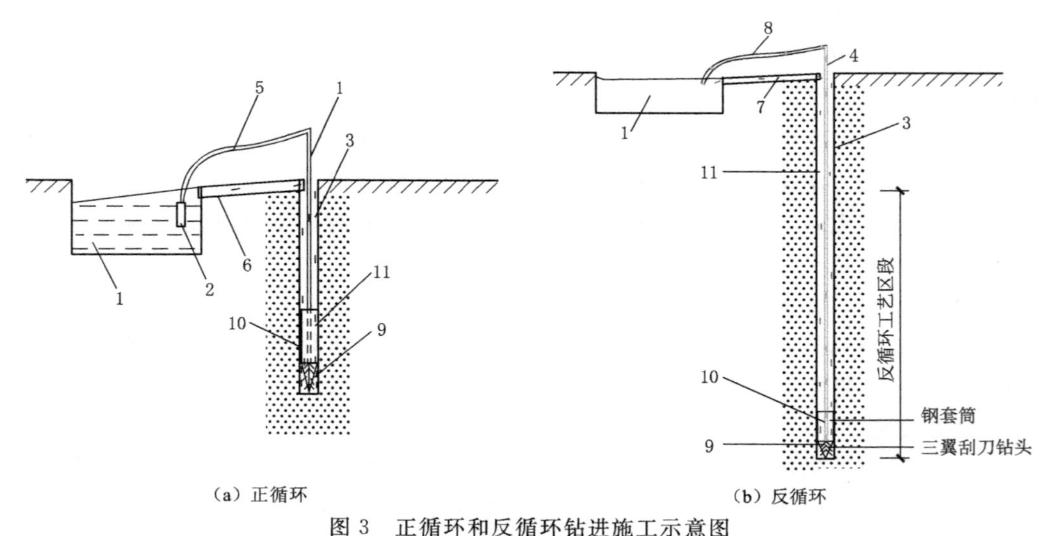

图 3 正循环和反循环钻进施工示意图

1—化学泥浆池；2—泥浆泵；3—钻井；4—钻杆；5—正循环进水管；6—正循环回水管；7—反循环进水管；8—反循环回水管；9—钻头；10—护壁钢管；11—泥浆通道

3.2.6 管井沉管

（1）降水井的孔径、孔深及垂直度满足要求后，即开始沉管，并防止井壁坍塌。

（2）无砂管需在混凝土预制托底上入置管井，以提高沉设时的稳定性，同时防止井管分节处脱离而引起已沉入井孔内的井管垮塌损毁。

（3）在底座中间设置导中器，井管分节下沉，四周用8号铁丝缠绕固定，缓缓下放。当管口与井口相差20cm时，接上节井管。接头处用玻璃丝布粘贴，以免混入砂砾等杂物。井管竖向采用四根30mm宽竹片固定、14号双铁丝捆绑，保证管口内部不错位。

（4）垂直吊放管井并保持在放线中心位置。为防止雨水或杂物进入，最终管井顶部需高出地面20cm，并在井口加盖。

3.2.7　过滤料填入

（1）整个井管下沉完毕后，检查井管居中情况。确认合格后，需要注入清水，稀释泥浆，当泥浆密度不大于1.05%时，方可投入滤料。

（2）采用0.25～1mm中粗砂作为降水井的滤料。填料时应保持井管居中，使井周间隙均匀一致。填滤料时从井管两侧对称填入，以防滤料中途卡塞或井管错位。待填至离井口1～2m处，用黏土填实封堵。

（3）若填滤料出现返料现象，应及时停止填料，待查明原因后方可继续填入。

3.2.8　洗井

过滤料装填完毕后须立即洗井，防止泥浆硬化影响井管出水量。即用钻井泵泵入清水，置换泥浆水，往复循环，冲洗出井中的泥浆和细小颗粒，直至井水清澈，使井周围为纯净的过滤层，以保证井点运行时的出水量。

3.2.9　水泵安装

（1）安装前检查水泵尺寸是否与管井尺寸相符，对水泵本体和控制系统作一次全面细致的检查，并在地面水坑试抽水3～5min，以检查设备性能是否可靠。若无问题，方可吊放安装。

（2）水泵下入的深度距井底1～2m，预留部分沉沙层，以防井底沉淀物堵塞水泵。安装完毕后应试抽水，满足要求后方可转入正常工作。

3.2.10　管井日常管理

降水井施工完成后，降水井管口应高于自然地坪20cm以上，并加盖木盖，避免杂物落入井内造成破坏。井周围按卫生防护要求保持良好的卫生状况，防止环境污染。井口设置临时封闭措施，并设置警示标识、警示灯。水泵设置一机一闸，使用自动启闭控制系统控制水泵运行，同时安排专人管理维护。

3.2.11　用电应急预案

施工现场备有备用发电机。降水井的成井施工过程和降水运行中如出现网电断电，则启用现场备用发电机及时供电。备用电源与现场网电连接，停电时备用电源自动联电系统启动并通电，确保降压井的电源不间断，以保证成井过程的连续性或管井运行过程连续不间断降水，否则将造成严重后果，影响基坑的安全。设置的电力自动切换系统，需保证备用电源使用时先发电后切换电源，且在发电机工作稳定后方可切换。一旦恢复供电，先切换电源，再关闭发电机，且在供电工作稳定后方可切换。

3.2.12　降水井观测记录

管井运行过程中及时、准确地记录井水位，以此检验专项方案的正确性及降水井的成井效果。

4 降水井效果分析

4.1 成井效果分析

正反循环钻进方式的有效结合、钻机设备的合理改进、护壁泥浆制备材料的优化，使在粉细砂夹砂壤土地质层和粉细砂层钻井施工过程中，井壁护壁良好、稳固不塌方，护壁浆液超时效后水溶，既保障了钻孔施工的正常钻进，又不影响后期降水井的透水性。

4.2 降水效果分析

引江济淮江水北送段 H003-1 标龙德泵站基坑原计划设置管井约 100 口。据地区同类项目的统计，采用传统成井工艺，废井率高，且成井后透水性差，管井抽水效率低。采用该成井方法实施管井施工后，管井的废井率为 0，且透水性好。经对管井位置进行优化，最终仅使用 42 口井就完成了原计划 100 口井的降水任务。

5 结语

本文基于引江济淮江水北送段 H003-1 标龙德泵站基坑降水施工，对粉细砂夹砂壤土层与粉细砂复合地层特殊地质条件下的成井技术展开研究，重点从钻井设备、泥浆配比、钻进工艺三个方面对成井技术进行改进，显著提高了成井效能，有效缩短了施工工期，加快了施工进度，降低了施工成本，增强了基坑边坡稳定性。该工艺对于饱水厚层粉细砂夹其他复合类地层的成井施工具有显著优势，并已经成功申请了发明专利和实用新型专利。上述施工方法也应用在望江县漳湖圩漳湖站基坑开挖降水井施工中，并取得了圆满成功。该工艺为类似工程提供了较为可靠的借鉴经验。

浅谈水利泵站机电设备安装和检修的技术措施

安永帅　石建虎　刘义光

【摘　要】持续改进大型水利泵站的机械设计、维护、保养等工作，可显著减少其故障次数，从而极大地改善其经济性能。本文立足多个角度，深入探讨这些问题，并给出实际的维护与保养建议，希望能够给予类似工程一些启示与指导。

【关键词】水利工程　机械和电气　检修

1　引言

随着社会经济的快速发展，我国在水利工程领域取得了长足的进步。然而，设备老化以及管道的故障，都可能导致水利泵站发生故障。因此，提高水利泵站的机械、电气系统的安全性是非常重要的。研究如何正确地安装并维护水利泵站的机械与电气系统，对泵站的有效运行至关重要。

2　泵站机电设备安装简述

泵站和机电设备是水利工程的主要组成部分，发挥这些设备的作用，整个水利系统才能顺利运行。泵站机电设备安装过程要求具备专业知识，对每一个细节严格把关，将不必要的误差与遗漏最少化，才能保证安装质量。水利泵站机电设备安装施工中的新方法、新技术不断涌现，突破了传统安装施工方式的局限。随着当前科学技术的快速发展，泵站机电设备安装效率得到了提高，夯实了机电设备安装基础，使机电设备的实际效能得到了更好的发挥。加强泵站机电设备安装过程控制，使机电设备在后续的工作和运行过程中更加稳定，可靠消除诸多安装隐患，提升机电设备安装水平，优化机电安装效果。实践证明，作为优化泵站机电设备工作状态的重要途径，水利工程企业在泵站机电设备安装方面进行了大量卓有成效的探索，成效显著。尽管如此，一些水利工程企业在具体施工流程和方案制订、采用的安装施工工艺没有及时更新的情况下，仍然没有建立健全机电设备安装施工机制，不能提供制度依据，加之施工理念落后，安装施工人员的专业素养亟待提高。所以，针对以上问题，一定要看准吃透，重点优化提升，才是研究的重点。

3　水利泵站机电设备的安装技术

3.1　施工前期的组织管理

在进行水利泵站建设之初，需要重视三个重要步骤：首先，需要全面地了解机电设备的结构、功能、特征，并且组织一支由专业技师组成的团队，参观或者访问相关的制造商；其次，需要熟悉机电设备的操作流程，仔细检查每一道工序，防止任何一道工序出现故障，从而确保整套控制系统的顺利运行；最后，需要根据实际情况，采取必要的措施，加强维护，防止发生任何损坏或者失效事故。在开始使用之前，需要充分掌握机械和电气设备的安装技巧，并制订一套合适的初步规划和管理计划，以便精确地安装这些设施，为工程的顺畅运行打下扎实的根基。

3.2 施工过程中的质量控制

正确安装电气、排口等关键元件，对于整个泵站的正常、可靠运转至关重要。因此，必须合理组装、安装相应元件，以便为泵站长期可靠的运行奠定坚实的基础。安装起吊设备不仅可以为日后的维护和保养提供便利，而且可以有效减少操作不当导致的误差。为确保安全，施工人员需要仔细审核和校核，并且根据不同的情况采取有效的处理措施，以确保起吊设备的正确安装。为了确保电机的顺利运转，必须按照相关的安全要求进行操作。需仔细检查每一个部件，以便确认它们的位置是否适当。如果发现问题，需第一时间找到根源，并采取有效的补救措施。为了保护水利泵站的正常运转，需重点关注下面几个问题。

3.2.1 螺母及螺栓的连接

泵站机电设备要牢固可靠，正确固定和连接螺母和螺栓是关键性的一步。根据实践经验，螺母、螺栓连接效果不佳会导致后期运行出现故障。在选用螺母、螺栓时，需要注意材料的质量，必要时需要进行专业的技术检测，以确定其硬度或强度是否满足机电设备固定和连接的需要。此外，连接螺母、螺栓时要避免太紧、太松的情况。过紧会造成螺母、螺栓受力时间过长，使疲劳指数增高，不利于延长使用寿命。若接驳松动，机电装置振动程度将加大。所以，安装好之后一定要用扭力扳手对拧紧情况进行检查。

3.2.2 超电流现象

忽视超电流现象会对泵站机电设备的稳定运行造成恶劣影响。在施工安装阶段，一定要针对超电流现象，采取有效措施，防患于未然。造成泵站机电设备产生超电流现象的原因，主要分为两个：一是泵体与转子之间产生摩擦，摩擦作用力增大；二是泵体内部有杂质，造成进一步的摩擦。同时，安装泵体、电机的工艺存在缺陷，对可能产生的超电流现象没有做到充分、有效的防范。要彻底解决各种原因引起的超电流问题，必须采取有针对性的技术措施，避免超电流问题影响机电设备的使用寿命。

3.2.3 机电设备振动问题

机电设备的振动问题属于泵站机电设备系统运行中容易出现的共性问题。振动问题会使机电设备的运行产生较大的噪声，影响到其他关键元器件的正常运行，使其应有的功能丧失殆尽，从而使整体机电设备的运行受到损害。在泵站机电设备安装施工环节中，主要从以下几个方面着手防治振动问题：一是减少转子与定子轴承之间的间隙，使两者的磨合度达到最好，防止转动速度保持相对恒定而出现气隙不平衡现象；二是调整优化旋翼与壳体的同心度，使旋翼处于减少摩擦力的平衡状态；三是完善工艺流程，优化机电设备。

3.3 做好施工质量验收

为了提高水利泵站的可靠性，首先需仔细审核机电设备的适用性，并通过实际操作评估设备的可靠性，以便更好地维护及保养。为提高效果，建议采取如下三条措施：首先，仔细检查水泵的安装是否精确，并且定期维护其正常功能；其次，严格控制电机安装，并且定期检查其稳定性；最后，定期检测开启与关闭控制程序，仔细观察各项技术指标，以便及早预防或者减少损坏。

4 水利泵站机电设备维护和保养工作

4.1 完善机电设备检修制度

为了更好地维护水利泵站的正常运转，需要采取下列措施：①加强机电设备的维护管理，实施严格的维护管理体系，严格执行维护管理规范，并加强预防措施，严格把关，加强设计、维护、调试等阶段的管理，同时加强监督管理，严格执行监督管理规范，提高监督管理的效率，提升监督管理的效果；②严格执行技术指导，加强施工管控，增强参与者的责任心，确定最佳的安全操作方案，以确保施工有效受控；③建立一个全面的维护管理系统，包括维护管理文件、维护报告、维护指南等，以及科学的维护管理流程，以减少由此带来的财务风险。

4.2 定子引出线电缆表皮破裂的检修

定子引出线电缆表皮对于机械设备的维护和保养也非常重要，它不仅可以确保其长期可靠地运转，还可以减少故障造成的不利后果，从而避免对其造成破坏。电线是机械设备所需动力源源不断的保障，所以，对其进行全方位的维护和保养更为必要。实践证明，维护和保养电线时，外壳出现裂纹会增加维护和保养工作的难度。为解决这个问题，除将外壳固定住，以减少它们的磨损外，还要确保电线已经被切断。维护和保养时工作人员需要具有灵活的反应力，根据机电设备的实时性和可靠性，必要时可更新电线，以确保水利泵站的安全可靠运转。

4.3 组合轴承漏油及异步电动机的检修

如果发动机安装工艺不当，再加上轴承的接头未经过严格密封，将导致润滑脂从接头的螺旋缝隙中渗透出来，从而导致轴承润滑失效。为了解决此类问题，维护人员可以通过安装铜接头的方法保护轴承接头，降低轴承润滑失效的风险。鉴于异步电动机的使用条件及其结构的多样化，其可能导致的各种外观问题也会随之变化，为了更好地诊断、解决这些问题，维护人员需要综合考虑各种可能的影响，以及其他可能的危害，从而更加准确地识别、分析、诊断，使其更快地恢复正常。

5 结语

根据以上研究，可以清楚地看到，提高水利泵站机电设备的安全操作能力可显著减少其出现故障的可能性。因此，应该制定完善的维护与管理制度，确保机电设备的可靠性、可操作性、可持续性。采取这些措施，能够更好地对水利泵站的机械设备进行安装与维护。

参考文献

[1] 马新涌．分析水利工程泵站机电设备故障诊断方法 [J]. 长江技术经济，2022，6（S1）：77－79.

[2] 周崧．泵站机电设备安装施工要点分析［J］．智能城市，2020，6（11）：174－175．
[3] 孙秀燕，王琼．水利工程泵站机电设备故障诊断方法分析［J］．中国设备工程，2022（19）：189－191．
[4] 马继强．泵站机电设备运行管理存在的问题及对策［J］．农业科技与信息，2020（7）：118－119．

闸站电气设备自动化控制技术要点探究

黄小恒　黄匡曦　张明明

【摘　要】建立独立的、功能完善的自动化控制系统，可对水闸或泵站运行进行监视、测量、保护及视频安全监控，实现闸站的自动化运行控制。本文结合某泵站工程实例，从自动化设计、自动化建设及远程监控等要点出发，展开简要的技术探究。

【关键词】自动化设计　系统功能　控制技术　远程监控

1　引言

在水闸或泵站中，电气设备自动化系统综合了泵站技术、计算机技术、网络通信技术和控制技术等。对闸站电气设备进行自动化控制系统建设，有利于管理处的实现自动化管理和监控，提高闸站监测、运行和管理的整体水平，同时可极大地提高系统运行的安全性和可靠性，降低工作人员的劳动强度，实现水资源高效配置。电气设备自动化控制技术进入闸站施工领域已成为必然趋势。

2　自动化设计及建设

根据泵站现场实际情况，建立泵站现场水位监测、设置现场数据 PLC（Programmable Logic Controller，可编程逻辑控制器）触摸屏、设置实时管理系统，能够根据需要自动运行、停止水闸、水泵等设备，减少人工干预及减轻工人工作强度。

2.1　设计原则

该泵站自动化控制系统设计在满足工艺要求的前提下，以安全、实用、经济、高效为原则，设计的系统能达到当前泵站自动化先进水平。自控及仪表系统设计的具体原则为：①可靠性：整个系统采用模块化设计、分层分布式结构，控制、保护、测量之间既互相独立又互相联系，系统网络采用光纤环网，当系统任一接点断开时，不会影响其他接点运行；②先进性：系统设计以实现“现场无人值守，总站少人值班”为目的，设备装置的启、停及联动运转均可由中央控制室远程操纵与调度；③实用性：系统设计多个控制层面，既考虑正常工作时的全自动化运行，又考虑多种非正常运行状态下的配方策略。

2.2　系统结构

2.2.1　系统描述

以泵站工艺流程提出的检测、控制要求作为设计依据。泵站自动监控系统遵从“集中管理、分散控制”的原则，各泵自带 LCU（Local Control Unit，现地控制单元），通过工业以太网与主 PLC 通信。有相对独立性，并可利用网络技术完成系统的纵向与横向扩展；检修系统的任何一部分不会影响其他部分的正常运行。站区主要区域设置视频监控系统，一旦发生警情，网络硬盘录像机将联动报警录像，通知值班人员及时处理。

2.2.2　系统组成

该泵站自动控制系统由设备层、控制层、管理层组成。设备层由各种智能测控单元（带标准总线接口）组成，包括高压配电系统的电力监测仪，低压配电系统电量检测仪表及清污机成套设备等。控制层由连接在以太网上的 PLC 主站及各泵 LCU 子站组成。管理层设在主控制室，由操作员站、打印机等组成。

2.2.3　系统功能

该泵站设置三种控制模式。①手动模式：利用就地控制箱或 MCC（Motor Control Center，马达控制中心）上的按钮实现对设备的启停操作；②远程遥控模式：操作人员通过中控系统操作站的监控画面用鼠标或键盘控制现场设备；③自动模式：设备的运行完全由 PLC 根据工况及工艺参数完成对设备的启停控制，而不需要人工干预。利用电气设计中的“就地/遥控”切换开关可实现就地现场手动控制和 PLC 监控，其中就地现场手动控制的优先权高于 PLC 监控，以保证现场操作安全。

（1）PLC 站控制功能。①数据采集及控制：通过硬连接采集工艺设备运行参数、状态，或通过工业总线上传 10kV 配电系统电量仪、低压配电系统电量仪信号以及高低压开关及补偿柜的状态信号，同时能接受管理层监控机发出的调度及控制指令，并进行相应的操作；②循环供水泵控制：机组运行即开循环水泵；③循环池补水控制：根据循环池水位及温度进行补水。抓斗清污格栅机为成套设备，自成控制系统，可利用格栅前后液位差控制，也可设定时间控制排渣周期。

（2）泵控 LCU。泵控 LCU 站由 PLC 主站 UPS 供电。3 台低压水泵，每台水泵都具有独立控制器，就地控制时，通过触摸屏启停水泵，远控状态下由 PLC 主站通过检测进水泵房进水液位的高低变化并与设定值比较，自动增减具备运行条件（循环水压、水温）的水泵的台数，进而调节进水流量，并自动累计每台水泵的运行时间，实现水泵运行的自动轮换。每套 LCU 分别检测泵轴承、线圈温度。泵房辅助设备配置一套辅机 PLC，可以集中控制和监控辅机运行及状态，利用电气设计中的“就地/遥控”切换开关可实现就地现场手动控制和 PLC 监控，其中就地现场手动控制优先权高于 PLC 监控，以保证现场操作安全。

（3）操作站。操作站具有记录和打印报表及管理的功能。操作站接收控制层传送来的各工段的工艺参数及设备状态，计算机动态显示生产过程、各种工艺参数趋势图，为生产管理提供依据。按工艺要求，通过网络系统向控制层发出控制指令。报警系统提供生产过程中出现的故障、操作状态以及自动化过程中的综合信息，运行状态通过网络传送到配电间中央控制室。

2.2.4　仪表的设计与选型

PLC 及就地控制单元的仪表选型主要考虑其工作环境的适应性，故传感器尽量选用非接触式。这些仪表均选用工业级在线式仪表，并根据安装环境的要求具有相应的防护等级。

2.3 系统建设内容

自动化监控系统可分为计算机监控系统、视频监视系统。计算机监控系统负责采集监控站内电力仪表、高压保护、主变压器、上下游水位计、多个扬压力传感器、单（多）套水泵机组、单（多）台节制闸以及高低压配电设备。

中心控制室安装一套计算机监控软、硬件系统。系统根据实际情况配置一套或多套机组 LCU、一套或多套公用 LCU、一套或多套节制闸 LCU、一套或多套清污机 LCU、一套或多套辅机 LCU，LCU 屏柜内采用 Redlion ST 系列 PLC 智能控制模块。

3 自动化远程监控系统

自动化远程监控系统负责水泵机组、水闸、供配电系统、仪表系统、液压系统等泵站重要设备参数的监测和控制，并且根据需要传送或者接收重要数据、图像和指令。利用自动化远程监控完成对现场设备的监测，水闸和水泵的启闭、机电保护和各类设备状态检测是关键。

3.1 自动化监控系统软件登录

该泵站采用的系统开发平台及软件环境包括：PLC 选型配置工具为 Sixnet I/O Tool Kit V3.50；PLC 编程软件为 SIXNET ISaGRAF Workbench；工业组态软件为 ICONICS GENESIS64 V10.97；操作系统为 Windows10 专业版 64 位 。

自动化监控主机开机后，在桌面上找到“自动化监控系统”图标，双击打开远程自动化监控系统控制软件。该系统控制软件需要登录用户后才能进入监控画面，所以可以选择没有设备操作权限的用户登录，然后进入系统界面查看系统监控画面。当需要远程操作水泵、闸门等设备时，须登录高权限的用户。设备操作完成后，要及时退出、注销高权限用户，防止他人随意操作设备。监控系统运行软件主界面以中文显示，配以相应的图片操作，面向用户开发，操作简单，维护方便。系统软件界面显示的画面是根据现场实际样式，利用 3D 建模渲染做出来的实景效果图，以求还原最真实的泵站原貌。

3.2 水泵机组远程控制

当对水泵机组进行远程开停机操作时，想要操作设备首先需要登录具有设备操作权限的用户，然后才可以进行设备操作控制。操作设备前先要进行必要的准备工作：闸门现地控制柜电源正常，隔离开关处于合闸位置，空气开关全部合上，操作转换开关置于“远程”位置；水泵现地控制柜电源正常，隔离开关处于合闸位置，空气开关全部合上，水泵转换开关置于“远程”模式；通过视频监视系统观察上下游、高低压配电室、主厂房无设备或人身安全隐患问题，确认相关设备通信指示灯绿色（代表通信正常）。

3.2.1 机组远程单步控制方法

以远程单步开 1 号事故门为例，点击 1 号事故门的“开闸”按钮，弹出图 1 所示的操作确认窗口：确认操作信息无误后点击“确认”按钮，然后 1 号事故门就会上升运行，同时观察“事故门状态监测”面板，会发现闸门开度数值不断变大。在“1 号闸电气量监测”面板上，左侧模拟动画中能看到闸门在缓慢向上移动，并有上升箭头闪烁指示。当闸门到达上限位时，无需人为干预，闸门会自动停止。闸门停止、关闸操作与水泵远程单步控制步骤与此类似。

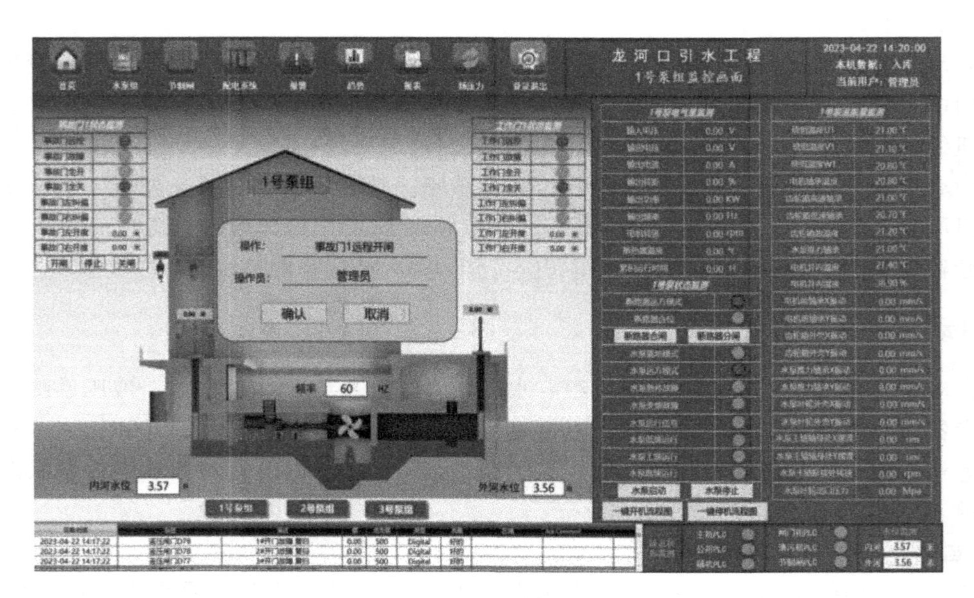

图1　机组远程单步控制操作窗口

3.2.2　机组远程单步开机流程

操作设备前同样要进行必要的准备工作，通信指示正常后再远程手动开机：①手动操作事故门开闸，一般等待约50s，进水闸门到达上限全开位置；②远程手动操作断路器合闸，断路器合位指示灯变红色；③远程手动操作水泵启动，观察水泵电机电流值合理变化；④水泵启动过程一般需要60s左右，然后水泵运行信号指示灯变成红色，表示水泵已经启动完成，水泵开机的同时工作门会联动开启，自动到达全开位置；⑤通过视频监视观察外河测水泵出水情况。

3.2.3　机组远程单步停机流程

水泵机组远程手动停机顺序为：①远程手动操作水泵停止，水泵运行信号指示灯应该立即变成绿色；②水泵停止的同时，事故门和工作门会联动关闭，不需要手动操作；③远程手动操作断路器分闸，断路器合位指示灯变成绿色；④观察软件画面上水泵、闸门的电机电流，基本都为0A；⑤通过视频监控观察内、外河水泵进出口无水流流动。

3.3　PLC 通信

系统软件右下角是与该软件通信的设备通信状态指示，通信都正常时，主机PLC通信状态指示灯为绿色灯，代表当前系统软件与主机PLC柜的PLC模块通信是正常的；当该指示灯变成黄色时，说明当前系统软件与主机PLC柜的PLC模块通信中断了。通信中断，先要去现场PLC控制柜查看是否为没有电源导致，如果电源正常，再检查网络传输是否正常。如果网线未插好信号灯不闪烁，或者交换机长期运行而卡机，需要试一试断电重启。判断网络是否正常，还可以在自控计算机上通过Ping该PLC的IP地址来实现。PLC通信状态指示灯如图2所示。

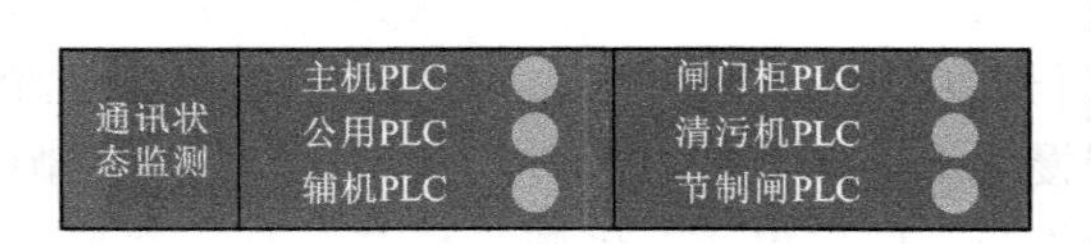

图2　PLC通信状态指示灯

3.4 视频监视系统

视频监视系统是自动化控制系统的重要组成部分，具有非常重要的意义。它能将监控现场的实时图像和信息准确、清晰、快速地传送到监控中心，监控中心通过视频监控系统，能够实时、直接了解和掌握各监控现场的实际情况，同时，中心值班人员能根据监控现场发生的情况作出相应的反应和处理，更加有效地管理设备设施，了解其运行情况及河道周边情况。

摄像机实时画面均由现场局域网络接入硬盘录像机，进行统一管理和存储。视频监控计算机上已安装视频监控管理软件，视频监控管理软件再通过局域网络连接硬盘录像机，对所有摄像机、硬盘录像机进行配置、预览、回放等管理。硬盘录像机可以存储全站视频画面达 2 个月。硬盘存满后会自动覆盖最早的监控画面，一直循环存储。

4 结语

以远程监控技术为核心的闸站电气设备自动化控制技术，应用于泵站自动化控制系统监控和管理，实现了无人值守、自动操作的建设目标，从而降低了人力成本，提高了工作效率。泵站作为市政建设和管理工程的主要设施，担负着城市排水防涝的重要任务，随着水利工程技术现代化、自动化、智能化建设进程不断加深和完善，泵站电气设备自动化控制技术越来越得到社会同行和业界的广泛认可。

参考文献

[1] 邱超．自动化控制系统在外环西河泵闸项目的应用 [J]. 建设工程技术与设计，2017（23）：3494.
[2] 沈朝晖．电气自动化泵站设计浅析 [J]. 科技创新导报，2012（3）：90.
[3] 孙博群．泵站电气自动化设计分析与思考 [J]. 科技展望，2016，26（36）：89.

组合基坑支护施工工艺

陈永刚　刘义光　张东鹏

【摘　要】本文根据引江济淮江水北送段大断面过水箱涵基坑支护施工工艺实践，总结了在城市基础开挖面狭窄、地层复杂、富含地下水、周围环境复杂的条件下，软土层深基坑采用多桩并联组合式支护的施工经验。

【关键词】引江济淮工程　深基坑　基坑支护

1　引言

引江济淮工程（安徽段）江水北送段 H003-1（河渠）标，地下经过乡镇主干道箱涵基坑的最大开挖深度为 9.8m，地层为粉砂层，地下水丰富。基坑周围环境复杂，临近乡镇的自建商铺，并与 105 国道正交；箱涵两侧及 105 国道处凌空有高压线路。为顺利进行基坑开挖，并保证两侧商铺不受影响，基坑开挖前需进行有效支护。为此，设计了灌注桩＋三轴搅拌桩＋高压旋喷桩多桩型组合基坑支护方案。

在城市基础开挖面狭窄、地层复杂，富含地下水、周围环境复杂的条件下，软土地层采取多种桩型并联组合深基坑支护，工程投资将有所降低。目前，多桩型组合支护广泛应用在基坑工程中，为了确保房屋建筑工程质量，保障生命财产的安全，有效地降低工程投资，有必要结合特定建筑工程场地的地质背景以及工程地质条件开展复合地基可行性研究。

2　多桩并联组合式支护的形式

多桩并联组合式支护，即采用灌注桩＋三轴搅拌桩＋高压旋喷桩并联组合式支护（图 1）。实施前，利用数值分析研究多桩围护结构施工参数（桩墙厚度、墙体入土深度、支撑系统、坑底加固及竖向荷载大小）的变化，及其对围护墙体的水平位移、弯矩、坑外地表沉降及坑底隆起的影响规律。多桩组合的形式如下：

（1）外层三轴搅拌桩联成整体，深入地下微透水层，形成第一道截水帷幕。

（2）内层灌注桩通过冠梁及腰梁联成整体，通过上层钢筋混凝土支撑与中间钢支撑形成基坑支护结构。

（3）中间（内层与外层间）高压旋喷桩结合内侧灌注桩形成第二道截水帷幕。

（4）最终多种桩型并联组合，相互重叠咬合，形成密封性很好、既防水又挡土的基坑围护结构。

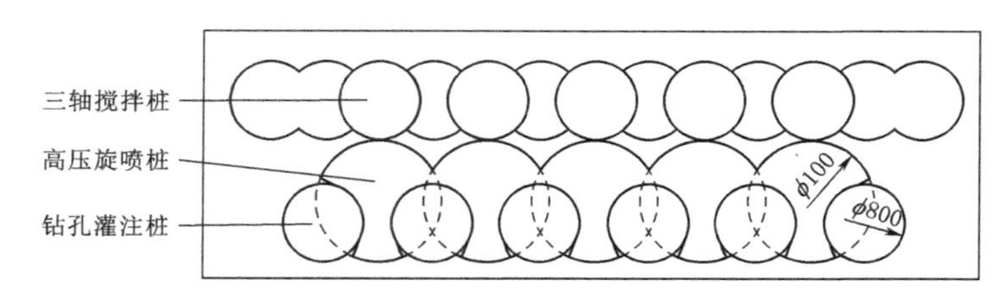

图1　多桩并联组合式支护形式

3　支护桩的技术要点

组合基坑支护主要有基坑支护和基坑帷幕止水两大功能，采用几种桩型共同作用，以达到支护止水的效果。其技术要点在于灌注桩＋三轴搅拌桩＋高压旋喷桩组合式支护形式、布置位置及桩长的控制。三轴搅拌桩布设在基坑最外侧，并与高压旋喷桩设计位置相切，以减小三轴搅拌桩与高压旋喷桩最终的间隙，防止基坑外侧主动土压力造成三轴搅拌桩不均匀移动而降低防渗效果；高压旋喷桩在最后施工，布设在三轴搅拌桩与灌注桩之间，与灌注桩一起形成第二道防渗墙体，同时加固灌注桩间的松散土体，防止基坑开挖时土体塌落造成灌注桩支护失稳；各类桩型及每个桩位的桩长根据地层条件的不同而变化，桩基施工前，根据各桩型设计高程计算每根桩顶高程、桩底高程及桩长并在桩点标记。为保证成桩质量，三轴搅拌桩施工完成3d后方可进行灌注桩施工，在灌注桩强度达到14d强度时方可进行高压旋喷桩施工，以防高压旋喷桩对灌注桩及三轴搅拌桩造成破坏。

3.1　三轴搅拌桩施工技术要点

三轴搅拌桩施工时，搅拌机下钻注浆的水泥用量应占总量的70％～80％，提升时的水泥用量为总量的20％～30％，且均应均匀、连续地注入拌制好的水泥浆液。钻杆提升完毕时，设计水泥浆液全部完成注入，且使水泥浆喷入土层并与土体混合，形成连续搭接的水泥加固体。

3.2　钻孔灌注桩施工技术要点

钻孔灌注桩施工技术要点如下：

（1）钻孔灌注桩由钢筋和混凝土组成，具有抗弯、抗压和防渗作用。经受力计算，灌注桩入土深度不需要到达微透水层。为提高第二道截水帷幕的截水效果，灌注桩底部至微透水层增加素混凝土桩。

（2）施工区域地质为粉砂层，地下水丰富，灌注桩在钻孔过程中易遇到护壁难、成孔难、易塌孔、易埋钻等问题，为此该工程在循环钻机钻头顶部连接一个与钻头外径一致的光滑护壁钢筒。护壁钢筒与钻杆同轴设置，且两者之间有存在一定间距的泥浆通道。护壁钢筒的上下两端均不封闭，以便于泥浆流通。钻头高速旋转时产生的离心力将泥浆甩到井壁上，护壁钢筒随钻头高速旋转时与井壁上的泥浆接触并将泥浆压实抹匀。

3.3　高压旋喷桩施工技术要点

（1）高压旋喷桩是利用钻机先钻小孔径钻孔到达预定深度，再以高压旋喷的喷嘴将气液混合体喷出，切割土体，将水泥浆喷入土层与土体混合，形成连续搭接的水泥加固体。

旋喷水泥加固体具有一定的强度和不透水性能，具有加固土体和止水的作用。

（2）施工中严格控制高压旋喷桩的桩径尺寸，既要使设计内边缘与已经成型的灌注桩形成同一截面，为后续基坑内箱涵施工提供平整的施工断面，又要使设计外边缘与已经成型的三轴搅拌桩相切，以保证三轴搅拌桩不遭破坏及两种桩间无缝接触，增加结构稳定性。

4 工程实施

4.1 工艺流程

基坑支护和开挖的施工工艺流程如图2所示。

4.2 三轴搅拌桩施工

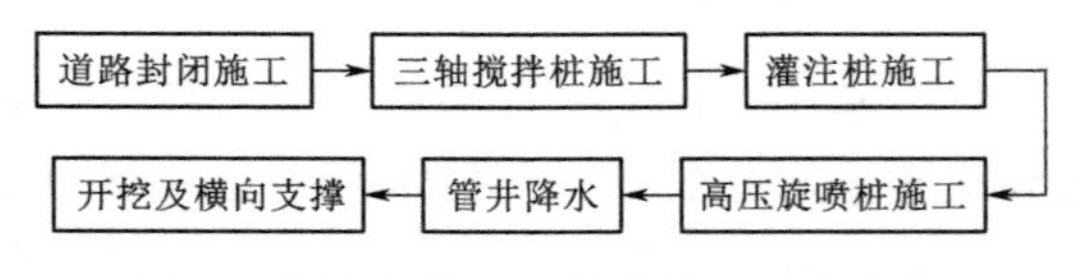

图2 基坑支护和开挖的施工工艺流程

三轴搅拌桩直径为850mm，间距为600mm，该幅桩内桩身搭接250mm，两幅桩之间套孔施工，桩位定位偏差不超过5cm，桩径偏差不超过1cm，垂直度偏差不超过0.5%。水泥采用P·O 42.5普通硅酸盐水泥，水泥掺量为25%，水灰比为1.5～2.0，浆液比重为1.4～1.6，泵送压力为1.5～2.5MPa。其套孔施工示意如图3所示。

图3 套孔施工示意

具体施工情况如下。

（1）施工准备。根据基坑的开挖边线及监测点平面布置图，放出具体桩位，标明排列编号。

（2）开挖沟槽。根据三轴搅拌桩桩位中心线用挖掘机开挖槽沟，沟槽宽度比设计桩径宽0.6m，深度控制在1～1.5m，并清除地下障碍物。将开挖导向沟槽余土及时处理，以保证桩机能够水平行走。

（3）桩机就位及垂直度校正。桩机下铺设钢板及路基板。桩位偏差不大于50mm，并用经纬仪或线锤进行观测，确保钻机的垂直度，导向塔垂直度偏差不超过0.5%。施工前在钻杆上做好标记，以控制搅拌桩桩长，当桩长变化时擦去旧标记，做好新标记。

（4）制备水泥浆液及注入浆液。水泥浆液在搅拌桶中按规定的水灰比配制，拌匀后输入存浆桶，再由2台泥浆泵抽吸加压后经过输浆管压至钻杆内注浆入孔。水泥浆液的比重严格控制在1.37kg/L以上。

（5）桩机钻杆下沉与提升。三轴搅拌机在下钻时，注浆的水泥用量占总量的70%～80%，而提升时水泥用量占总量的20%～30%，且均匀、连续注入拌制好的水泥浆液。钻杆提升完毕时，设计水泥浆液全部完成注入。

4.3 钢筋混凝土灌注桩施工

该工程钻孔灌注桩的桩径为ϕ900mm，间距为1200mm，混凝土强度等级为C30。采用长线法加工钢筋笼，混凝土用混凝土罐车直接灌注。钢筋笼的长度及素混凝土桩的长度应严格按照设计图纸控制。具体施工情况如下：

（1）埋设护筒。护筒高2.3m，内径比设计桩径大20cm。为增加护筒的刚度，防止变形，在护筒上部、下部和中部的外侧各焊一道加劲肋，保证护筒坚固、耐用、不易变形、装卸方便，并在护筒顶部开设溢浆口。

护筒顶端高出地面30cm，埋设深度为2m。护筒埋设应平整、稳固、准确、不变位，护筒中心与桩中心的平面位置偏差应不大于50mm，护筒周围用黏土夯实。护筒埋设好后，直接把桩孔中心用十字交叉法引到护筒壁，并在四周设控制桩，高程引至护壁控制桩。

（2）钻机钻头改装并就位。采用反循环钻机钻进成孔，桩机就位前，将1.5mm厚的钢板按图纸切割并焊接成上下缩径的钢筒形，用固定筋固定在循环钻机钻头上部约10cm位置。钢筒保持真圆，轴心位置与钻杆重合，并焊接牢固。

桩机移动就位，确保上下共线，纵横向水平，用线坠校对垂直线，用水准仪校对水平线。钻机就位复核准确无误后将钻架固定。

（3）泥浆制备。钻孔灌注桩钻进采用泥浆护壁，除能自行造浆的土层外，均采用高塑性黏土制备泥浆，并定期检测泥浆的性能，认真做好泥浆性能的维护调整，及时清理泥浆循环系统的沉渣和废浆。

（4）钻进成孔。钻机就位后，复测校正，钻头对准钻孔中心，同时将钻机底座调平。开钻时真空泵加足清水，关闭控制阀使管路封闭，打开真空管路使气水畅通，然后启动真空泵产生负压，待泥浆泵充满水后关闭真空泵，立即启动泥浆泵。当泥浆泵出口压力达到0.2MPa时，打开出水控制阀，排除管内泥水混合物。开始钻进时低挡位慢速钻进，以保证桩位的准确性，在粉砂层时应以慢速、稠泥浆钻进。

（5）清孔。钻孔达到设计高程，终孔经检查符合设计要求，立即清孔。终孔后，钻机停止进尺，将钻头提离孔底10～20cm并低速空转，待泥浆循环正常，把调制好的符合要求的泥浆压入，将孔内比重大的泥浆换出并经沉淀池流回泥浆池，加入调制好的浆液使之循环，使孔内泥浆的含砂率逐步减小至小于4%。经检验合格后，立即提钻并吊装钢筋骨架、安装导管。

（6）钢筋笼制作与安装。清孔完毕，经监理工程师批准，即可吊装钢筋笼。吊装前对钢筋笼的长度、直径，主筋和箍筋的型号、根数、位置以及焊接等情况全面检查。吊入桩孔之前检查钢筋骨架是否顺直，如有弯曲应及时处理。安放钢筋笼时焊制“︺”形定位筋，以确保灌注桩混凝土保护层的厚度。

（7）下设导管。钢筋笼下设完成后下放导管。导管事先试拼，并经过密封、压力试验后使用。导管安装完成后对孔底进行二次清孔，清孔后泥浆相对密度为1.03～1.10，不宜超过1.15，同时填写终孔检查记录，经检验合格后，立即灌注水下混凝土。

（8）灌注水下混凝土。开始浇筑前，先检查孔底沉渣厚度，沉渣厚度不应大于200mm，不满足要求时用循环泵清孔。灌注水下混凝土，首盘采用隔水塞，首盘浇筑量导管初次埋入混凝土深度不少于1m。混凝土浇筑连续进行，浇筑过程中，测量混凝土顶面高程，始终保持导管埋置深度为2～6m，严禁将导管拔出混凝土面。最终混凝土灌注的顶面高程比设计高程高0.5m以上。在拔出最后一段导管时，拔管速度要慢，边拔边抖，以防桩顶沉淀的泥浆挤入导管形成泥心。待混凝土强度达到设计强度后破除高出桩头设计高程的混凝土。

（9）桩头破除并浇筑冠梁。开挖基坑，清理桩周浮土，露出桩头，采用环切配合风镐的方法清除桩头，漏出钢筋，并与冠梁钢筋连接，用立模板浇筑冠梁。

4.4 高压旋喷桩施工

旋喷桩设计桩径为1.4m，采用三重管法旋喷施工。为防止旋喷桩施工时，相邻两桩施工距离太近或间隔时间太短而造成相邻高喷孔串浆，采取分批跳孔施打的方法。钻孔桩施工时每间隔两孔施打一次，相邻孔喷射注浆的间隔时间不宜小于24h，喷射压力为25～30MPa，喷嘴移动速度为10～20mm/min，水泥掺量为25%，水灰比1.0～1.5。具体施工情况如下：

（1）施工准备。根据已完成的搅拌桩及灌注桩的桩位，确定旋喷桩施工的控制点位，并在点位插入竹签。施工过程中产生的10%～20%的返浆引入沉淀池中，沉淀后的清水根据场地条件进行无公害排放，沉淀的泥土则在开挖基坑时一并运走。沉淀和排污统一纳入全场污水处理系统。

（2）钻机就位和试喷。钻机就位后，对桩机进行调平、对中，调整桩机的垂直度，保证钻杆对准桩位。桩位偏差应在10mm以内，钻孔垂直度误差小于0.15%。钻孔前应调试空压机、泥浆泵，使设备运转正常；校验钻杆长度，并用红油漆在钻塔旁标注深度线，保证孔底标高满足设计深度。先在地面试喷，钻孔机械试运转正常后，开始引孔钻进。钻孔过程中要详细记录好钻杆节数，保证钻孔深度的准确。

（3）拔出岩芯管和插入注浆管。引孔至设计深度后，拔出岩芯管，换上喷射注浆管并插入到预定深度。在插管过程中，要边射水边插管，水压不得超过1MPa，以免将孔壁射穿。高压水喷嘴要用塑料布包裹，以防泥土进入管内。

（4）旋喷提升。喷射注浆管插入到设计深度后，接通泥浆泵，然后由下向上旋喷，同时将泥浆清理排出。喷射时，待达到设计喷射压力，喷浆后再逐渐提升旋喷管，以防扭断旋喷管。喷嘴下沉到设计深度时，在原位置旋转10s左右，待孔口冒浆正常后再旋喷提升。钻杆的旋转和提升应连续进行，不得中断。为提高桩底端部分的质量，在桩底部1.0m范围内适当增加钻杆喷浆旋转的时间。

（5）钻机移位。旋喷提升到设计桩顶标高时停止旋喷，提升钻头出孔口，清洗注浆泵及输送管道，然后将钻机移位。

4.5 横向支撑

基坑开挖时在基坑侧壁竖向从上至下设二道内支撑。第一道支撑采用钢筋混凝土支撑，与灌注桩顶部冠梁连接成整体；第二道支撑为钢管支撑，在开挖到设计位置时设置临时钢管支撑。

5 两种基坑支护方案对比

箱涵基坑支护最初设计为地连墙支护，但因地质条件较差，地连墙施工前需要以高压旋喷桩做槽壁加固，这个方案施工成本高。且当地无地连墙施工设备，若采用原先的地连墙设计方案，需增加设备协调运输进场费用。经过优化后，采取多桩并联组合式支护，相比地连墙支护施工速度快、进出场费用低、对周边干扰小，可大幅度节约投入成本。这是因为，当地成桩施工设备多，便于多台设备同时施工，加快施工速度；同时，成桩设备占用空间小，操作简便，对周边影响和干扰小，增加了施工的安全系数，也保证了施工质量。

6 结语

针对引江济淮江水北送段 H003－1 标地下穿过乡镇干道箱涵基坑开挖支护止水施工，本文对城市基础开挖面狭窄、粉砂土地层地下水丰富、基坑周围环境复杂条件下的深基坑支护技术展开了研究，重点从组合桩类型、成桩工艺、桩位设计等方面对现有技术进行改进，显著提高了支护止水效果，有效缩短了施工工期，加快了施工进度，降低了施工成本，增强了基坑边坡的稳定性。这一实施良好的基坑开挖经验，可为类似工程提供借鉴。

下篇

应用篇

摆渡盘车调整装置在大型水轮机与电机导轴承施工中的应用

唐 武 姜富伟 石建虎

【摘 要】安徽省安庆市望江县漳湖圩漳湖站设计有6台立式混流泵与配套同步电动机，轴线的测量和调整是机组安装的一项重要工作，如果轴线处理与调整质量差，会导致机组旋转部件的摆渡增大，传至轴承与机架引起振动，会使镜板摩擦面与整根轴线不垂直，回转时轴线必会偏离旋转中心，并将在轴线上任意一点形成摆渡。利用摆渡盘车调整装置提高机组轴线的调整质量，消除摆渡误差，可确保机组的安全稳定运行。

【关键词】轴线摆渡 盘车调整装置 稳定旋转

1 引言

望江县漳湖圩漳湖站的主要任务是提高漳湖圩的防洪排涝能力，兼顾代排湖水功能。设计排涝流量为105m^3/s，工程规模为大（2）型。设计装设6台（2200HLQ）立式混流泵，单机容量为2300kW，额定电压为10kV，额定功率因数为0.9，效率为94%，最大运行方式为6台机组同时运行。水轮发电机组的轴线由发电机轴和水轮机主轴组成，轴线的测量和调整是机组安装的一项重要工作，如果轴线调整质量差，会导致机组旋转部件的摆渡增大，传至轴承与机架引起振动，会使镜板摩擦面与整根轴线不垂直，回转时轴线必会偏离旋转中心，并在轴线任意一点形成摆渡。为消除摆渡误差，提高机组安装质量，确保机组的安全稳定运行，利用一种大型水轮机与电机导轴承轴线摆渡盘车调整装置，按设计规定方向反复旋转盘车，以消除摆渡误差，监视上、下百分表数值，直至符合要求。机组振动与摆渡幅值的大小是衡量机组质量最主要的标准之一，它反映了设计、制造、安装、检修工艺水平，是一个综合性的标准。

2 摆渡盘车的原理及轴线处理调整目的

2.1 摆渡盘车的原理

利用一种大型水轮机与电机导轴承轴线摆渡盘车调整装置，检查校正电机轴线，检验推力头镜板平面的垂直度，将推力头上的导轴承和电机轴法兰盘沿圆周各分为八等分，用油漆写上编号，各等分点上下在一铅垂线上。分别将百分表安放在X、Y方向，互成90°角，两支百分表在同一水平面上，并在上导轴承处和轴法兰盘处各放两支百分表。采用相同的手力旋动，调整推力轴瓦，移动距离则表示受力较小，当予以调整。按设计规定方向盘车，在上、下百分表处设专人监视和作书面记录，每转动一个点，读数一次，根据所测数据，反复处理摆渡，直至符合要求。调整上导轴承瓦和导轴承间的间隙，使每侧在 0.05～0.08mm 内，确保镜板摩擦面与整根轴线绝对垂直，使各轴线部件不产生曲折与偏心，轴承旋转时围绕中心稳定旋转，减少运行过程中的各种缺陷和问题，延长设备的运行寿命。摆渡盘车结构如图 1 所示。

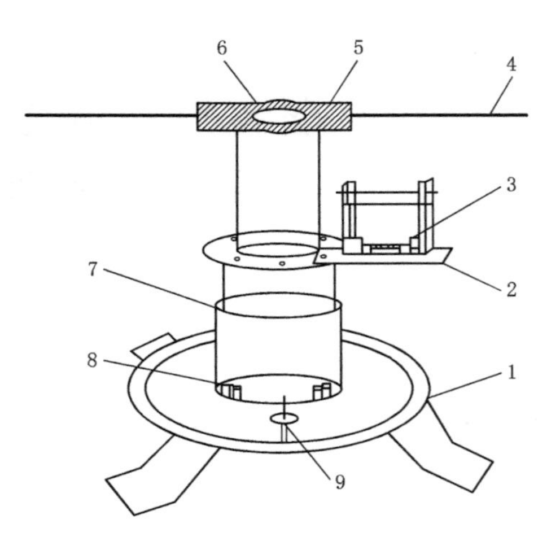

图 1　摆渡盘车结构

1—轴承座圆板；2—水平仪固定框；3—框式水平仪；4—推力轴瓦推力杆；5—推力轴瓦固定钢板；6—固定螺栓；7—轴承；8—推力轴瓦；9—磁吸式百分表

2.2　摆渡盘车轴线处理与调整的目的

摆渡盘车轴线处理与调整的目的就是减少机组受到的干扰力，从而减小机组振动与摆渡，给机组的安全稳定运行创造条件。这是机组安检中一项十分重要的工作，主要体现在以下三点：

（1）轴线处理的目的是使之轴中心线（即轴线）对镜板镜面的不垂直度达到允许的标准，当发电机轴与水轮机轴联结的法兰出现弯曲时，也应进行处理，使水轮机轴的摆渡达到允许标准。

（2）尽可能将发电机转子中心和水涡轮转动止漏环中心调到同心位置，这样可减小发电机气隙不均和止漏环间隙不均引起的磁力与水力等干扰力。

（3）合理调整各推力瓦的受力使其均衡，调整各导轴承使之保持同心并与主轴旋转中心一致，以减小机组运转中轴承的别劲力。

3　水轮机与电机导轴承轴线摆渡盘车步骤

利用一种大型水轮机与电机导轴承轴线摆渡盘车调整装置，需要安装导轴承，调整上导轴承瓦和导轴承间的间隙，法兰盘到推力轴承镜板面的距离是 4m，具体步骤如下：

首先，单独对电机部分进行盘车校核，消除摆渡误差，使电机在法兰盘处的净摆渡不大于 0.02mm/m，每侧控制在 0.05～0.08mm。检查与校正电机轴线，检验推力头镜板平面的垂直度，为机组连接作好准备。每次盘车前，在推力轴瓦上导轴瓦上涂一层纯净的透平油或凡士林油，并将推力头上导轴承和电机轴法兰盘沿圆周各分为八等分，用油漆写上编号，各等分点上下在一铅垂线上。百分表分别安放在 X、Y 方向，互成 90°角，两支百分表在同一水平面上，并在上导轴承处和轴法兰盘处各放两支百分表。检查空气间隙中是否有杂物，可用 2mm 厚绝缘板在空气间隙内沿转子圆周转一遍。按设计规定方向盘车，在上、下百分表处设专人监视和作书面记录，每转动一个点，读数一次，根据所测数据，反复处理摆渡，直至符合要求。

其次，对连轴整体盘车，在法兰盘连接前，重复检查法兰盘间隙及校正中心。调整方法是：在推力头处用千斤顶或上导轴承瓦推移转子进而调整中心。用拧紧螺丝的方法，使法兰盘保持水平。为防止法兰盘连接时轴出现摆动，可装下导轴瓦抱紧主轴，待连接后再松开。清理主轴法兰盘时，将水泵转子拉上，止口塞进，旋紧法兰螺钉，并在水泵导轴承处装设两支百分表，与电机上的百分表对应。松开水泵的导轴瓦，机组盘车方法同电动机单独盘车。水泵导轴承处的摆渡要求不大于0.02mm/m。如果机组法兰盘偏斜已引起较大摆渡，一般在法兰盘之间加不同厚度的楔形金属垫。

最后，机组轴线处理完毕后，两轴法兰螺栓孔同铰，铰好后装上螺栓，全部铰好后，再复核轴的摆渡，直至达到要求。调整转动部分的中心至原位，检查水泵电机定子、转子间的间隙和转动部分的标高是否符合要求。用相同手力的推力轴瓦，在旋动支持螺丝的锁定板与轴承座圆板上做记号，并将两支相互垂直的百分表安装在水泵导轴承处，观察机组中心的移动距离，依据数值的大小给予调整，并将锁定板用螺丝锁定。

4　轴线盘车装置应用前景与关键技术

4.1　轴线盘车装置应用前景

伴随着“十三五”期间重大工程泵类产品国产化率的提高，泵类产品当前已经基本满足国家经济建设发展的需要。中国水泵工程行业企业在国民经济建设中实现了较大的技术跨越，城镇化建设以及基础设施的日益完善在很大程度上促进水泵行业发展进入高峰期。国家拉动内需的力度不断加大，水利电力工程建设也促进泵站工程行业发展，使泵站工程行业得到一个历史性的发展机遇。依托望江县漳湖圩漳湖站项目6台泵站成功应用该装置消除轴线摆渡误差的经验，该装置可适用于机电设备安装技术领域，特别是涉及一种大型水轮机与电机导轴承轴线摆渡盘车调整时，应用较为广泛。

4.2　轴线盘车装置关键技术分析

（1）关键技术。为消除摆渡误差，提高机组安装轴线的调整质量，结合现场实际情况，利用一种大型水轮机与电机导轴承轴线摆渡盘车调整装置，进行单独电机部分的盘车校核，使电机在法兰盘处的净摆渡不大于0.02mm/m，每侧控制在0.05～0.08mm；连轴整体盘车时，重复检查法兰盘间隙及校正中心，以确保机组的安全稳定运行。

（2）关键技术创新点。项目成功应用后，对大型水轮机与电机导轴承轴线摆渡盘车调整装置进行研究分析，取得的主要成效有：该装置操作简单，提高了过程安装的精度，确保了镜板摩擦面与整根轴线保持绝对垂直，使各轴线部件不产生曲折与偏心，轴承旋转时围绕中心稳定旋转，消除了摆渡误差，减少了运行过程中部件间的扭曲摩擦；合理调整各推力瓦的受力均衡性，调整各导轴承至同心并与主轴旋转中心一致，减小了机组运转中轴承的别劲力；延长了设备的运行寿命，提高了机组轴线的调整质量，确保了机组的安全稳定运行。

5　结语

我国的水泵工程行业在国民经济建设中实现了较大的技术跨越，城镇化建设以及基础设施的日益完善在很大程度上促进水泵行业发展进入高峰期。望江漳湖圩漳湖站设计6台立式混流泵与配套同步电动机，安装机组轴线测量和调整是一项重要工作，减少镜板摩擦面与整根轴线不垂直造成的摆渡，防止摆渡引起的轴承与机架的振动，方法之一是利用摆渡盘车调整装置提高机组轴线调整的质量，消除轴承摆渡误差，合理调整各推力瓦的受力均衡性，调整各导轴承至同心并与主轴旋转中心一致，以减小机组运转中轴承的别劲力，确保机组的安全稳定运行。

参考文献

[1] 王继军，高旭．水轮发电机组轴线盘车技术及其运用 [J]. 大科技，2015 (12)：109-110.
[2] 徐建忠．探析立式水轮发电机组的盘车及轴线的处理 [J]. 科学论坛，2010 (14)：57.

泵站大体积混凝土温控技术应用与分析

吕学志　卢阳旭　朱成成

【摘　要】本文总结引江济淮（安徽段）江水北送段H003-1（河渠）标项目龙德泵站工程施工，阐述龙德泵站大体积混凝土温控技术应用，并结合“人”“机”“料”“法”“环”等关键因素对大体积混凝土施工质量控制要点进行分析，可为类似工程提供参考。

【关键词】泵站　大体积　温控　材料　水化热

1　引言

随着我国经济的高速发展，为达到跨流域调水及水资源综合利用的宏伟目标，国内水利水电工程建设呈现如火如荼之势。水利水电工程普遍存在大体积混凝土施工，易受材料、温度、施工工艺、养护等方面的影响，从而产生不同程度的裂缝。大体积混凝土裂缝是长期困扰工程界的问题之一，裂缝的出现会影响工程的安全性和耐久性，增加后期修复费用。为保证工程质量，在进行大体积混凝土施工时，需着重加强温度控制。本文结合龙德泵站施工实践，介绍了泵站大体积混凝土温控技术，并结合施工过程对大体积混凝土温控技术要点进行分析总结。

2　工艺原理

混凝土结构物实体最小尺寸不小于1m的大体量混凝土，或预计会因混凝土中的胶凝材料水化热引起的温度变化和收缩易导致有害裂缝产生的混凝土称为大体积混凝土。通过计算混凝土最大绝热温升、混凝土中心温度及表面温度等，证明中心温度与表面温度差大于设计规范要求，则需进行温度控制。龙德泵房底板平面结构尺寸为29m×34m，厚度为1.5m，混凝土浇筑量约为1479m^3。预埋32mm镀锌钢管，与主体钢筋骨架有效连接，分别作为混凝土降温冷却系统及混凝土内部温度观测点，并埋设温度传感器，施工过程中多频次地进行温度监测，综合施工气温调整原材施工温度，控制内表温差与环境温差，严格遵循养护时间及养护原则，做到夏保湿冬保温，确保混凝土浇筑体里表温差不大于25℃，浇筑体表面与大气温差不大于20℃，达到养护条件后，对测温管及冷却水管进行填充封堵。

3　施工流程

大体积混凝土施工工艺流程如图1所示。

4 施工方法

4.1 施工准备

（1）人员准备。龙德泵站底板大体积施工需连续不间断地进行，安排90名工人两班倒（白班和夜班），工人主要有混凝土振捣工、模板和钢筋看护工、养护工等，每班施工时由班组长进行管理，施工期间项目管理人员分班对混凝土施工进行监控。

（2）材料准备。为做好混凝土温控、养护工作，拌和原材料（碎石、砂、水泥、外加剂）保证充足供应，温控及养护材料为约600m的镀锌钢管，以及电子测温仪2台、测温传感器若干、塑料薄膜2000m^2、草袋2000m^2、遮阳棚3套。

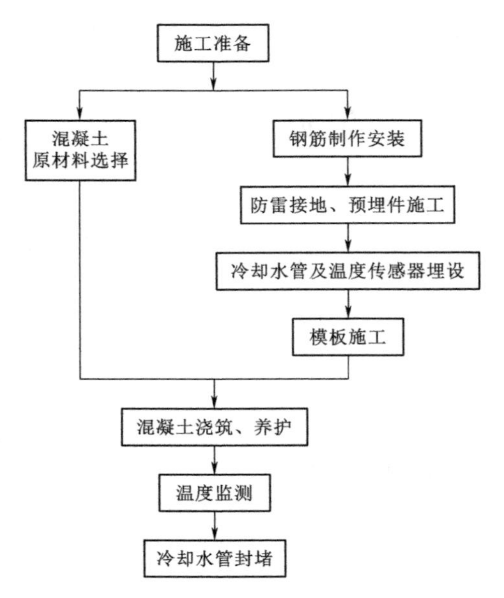

图1　大体积混凝土施工工艺流程

（3）技术准备。编制专项方案，经专家论证后，在施工前向作业人员逐级交底。优化大体积混凝土配合比，减少胶凝材料使用量，合理掺配外加剂，减少水用量，延长混凝土初凝时间，减少混凝土补偿收缩，控制混凝土入模温度，选择合理的浇筑措施。

（4）机械设备准备。HZS120型拌和设备1套、QTZ80型塔式起重机1台、泵车1辆、罐车6辆、ϕ75mm振捣器6台、圆盘收光机2台。考虑到混凝土浇筑时间较长，必须考虑夜间照明措施。主要机具有三级电箱1个，照明灯具不少于6个。

4.2 混凝土原材料选择

该工程采用自建搅拌站的方式进行混凝土浇筑。大体积混凝土具有水化热高、收缩量大、容易开裂等特点，技术要求较高，在施工过程中，特别要防止温度应力导致的温度裂缝。因此，需要在材料选择和技术措施等相关环节做好充分准备，保证大体积混凝土浇筑顺利完成。水泥选用海螺P·O 42.5普通硅酸盐水泥，其物理性能检测均符合规范和设计要求。细集料采用湖北麻城及山东泰安的中砂，粗集料采用河南禹州的碎石，其各项指标均符合规范要求。为改善混凝土的施工性能和耐久性，粉煤灰采用F类Ⅱ级，掺入一定量的粉煤灰对降低水化热、改善混凝土和易性有利。外加剂选用安徽金石混凝土外加剂有限公司的聚羧酸高性能减水剂，减水剂能够有效改善混凝土和易性，减少拌和用水，降低水泥水化热，同时对混凝土收缩有补偿作用。

4.3 钢筋制作安装

所有钢筋成型均按图纸要求出具钢筋放样加工单，审核无误后，交班组根据规范要求现场制作安装。为了加快工程进度，保证施工安全及钢筋绑扎质量，底板钢筋采用ϕ25mm钢筋作为架立筋，底部设于混凝土垫块上。每根架立筋设2根钢筋斜支撑，与架立筋焊接，架立筋的高度应根据底板厚度进行调整，架立筋与面层主筋应可靠焊接，以保证面层钢筋的平整度与保护层的厚度。

4.4 防雷接地、预埋件施工

泵站防雷接地保护由人工接地体和自然接地体组成，人工接地体由水平接地体（镀锌扁钢 50X5）构成，敷设在板下，成矩形网状，人工接地体与底板钢筋可靠焊接。避雷钢筋焊接均为三面围焊，焊缝长度为 6d，加端头焊，不准漏焊。

根据设计和规范要求的止水带、渗压计及土压力计等安全监测仪器应提前预埋到位，监测仪器线缆引出到底板以上，临时固定以便后期持续引出。

4.5 冷却水管及温度传感器埋设

泵站底板厚度为 1.5m，以水平居中方式布置一层冷却水管，共分为三段，水管间距为 1.5m。冷却水管选用 32mm 镀锌钢管，钢管焊接前先打磨接头处锌层，防止出现假焊现象，或使焊缝变脆。镀锌钢管焊接时，宜将除锌处理后的接口进行坡口处理，坡口尺寸要适当，镀锌及坡口均处理完成后满焊，钢管焊接完成后进行水密试验，保证无渗漏后方可布设。冷却水管布设高度应与平面高程一致，保证后期水流通畅，且与钢筋骨架绑扎牢固，冷却水管内利用水井中的地下水循环，出水口接入集水坑内，抽排出基坑。钢筋骨架中心位置竖直插入一根镀锌钢管，插入深度为设计混凝土顶面下 1m，底部做好封堵，镀锌钢管内部注水，用测量水温的方法监测混凝土内部的中心温度（图 2）。

大体积混凝土浇筑体内，在温度监测点埋设测温传感器，用电子测温仪进行测量，中心测温点用镀锌钢管注水监测温度，表层测温测位水平间距按照 10m 进行控制，用浇筑体平面轴线的半条轴线进行监测，每条轴线监测点位不少于 4 处，距混凝土外表面 5cm。测温点沿混凝土厚度方向垂直，分别布置底层测点、中心测点、表层测点及中上测点、中下测点，保证测点间距不大于 50cm（图 2 和图 3）。

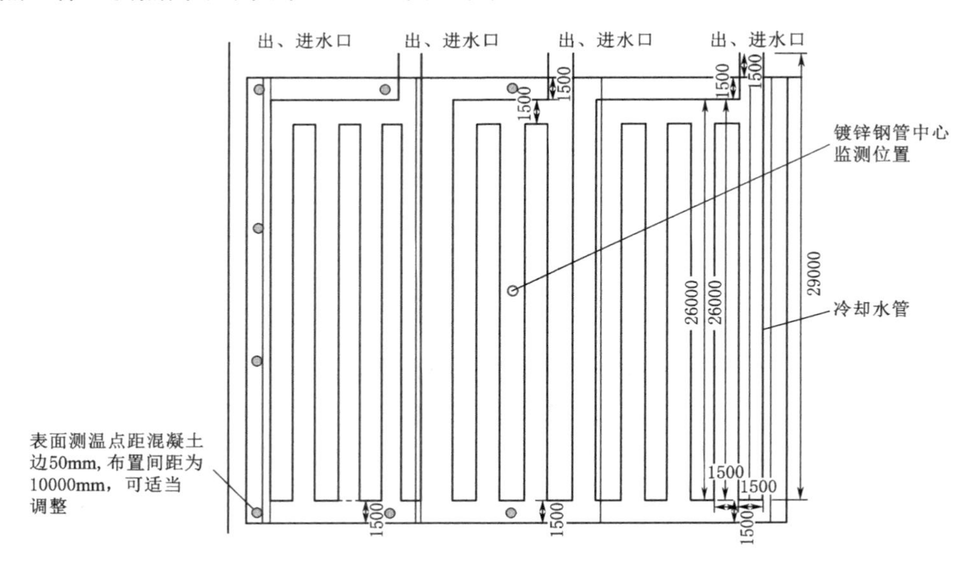

图 2　底板冷却水管、测温测位平面布置图（单位：mm）

4.6 模板施工

采用 750mm×1500mm×15mm 平面钢模板，厚度为 4mm，肋板为 8×80mm 扁钢，外侧采用 ϕ48mm 钢管，按照 750mm 间距进行模板加固，拉螺栓采用 ϕ16mm 的螺栓，主体内一端与底板受力筋对应焊接，中间加设锥形接头，模板安装前应在冷却水管相应模板位置开口。

4.7 混凝土浇筑

大体积混凝土施工中，混凝土浇筑过程尤为重要，为避免突发事件影响混凝土浇筑的连续性，从结构尺寸短边开始浇筑。为达到混凝土泵送条件，可掺入适量的减水剂和粉煤灰，掺量须经试验确定，其中减水剂可减少拌和用水量，减少后期混凝土内水分蒸发产生的干缩裂缝，粉煤灰则可减少水泥用量以降低水化热，同时采取相应措施，将混凝土入模温度在5～30℃。因混凝土浇筑量大，夏季时，应根据混凝土浇筑量尽量将施工安排在早晚、夜间和阴天，尽量避开白天高温时段，若必须在高温天气施工时，可搭设遮阳棚，避免混凝土表面水分蒸发过快。该项目采用台阶铺料法进行混凝土浇筑，铺料宽度为1.6m，高度为0.3m（图4），混凝土入模温度控制在5～30℃，在混凝土中掺入经试验确定的缓凝剂，延缓每层混凝土的初凝时间，最大限度地消耗因胶凝材料等引起的水化热，以降低施工过程中出现裂缝的可能性。混凝土分层浇筑时，应在下层混凝土初凝前完成上层混凝土浇筑，层间需有效振捣，同时应着重控制测温传感器及止水片处混凝土的浇捣工作，防止温度传感器损坏、止水铜片振捣不充分而在后期出现渗水现象，当混凝土表面出现泛浆、无气泡逸出、混凝土不再下沉时，视为振捣完成。

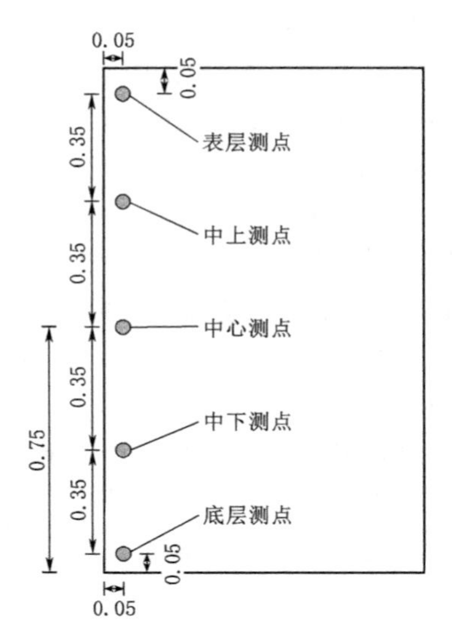

图3 表层测温点监测点位垂直布设示意图（单位：m）

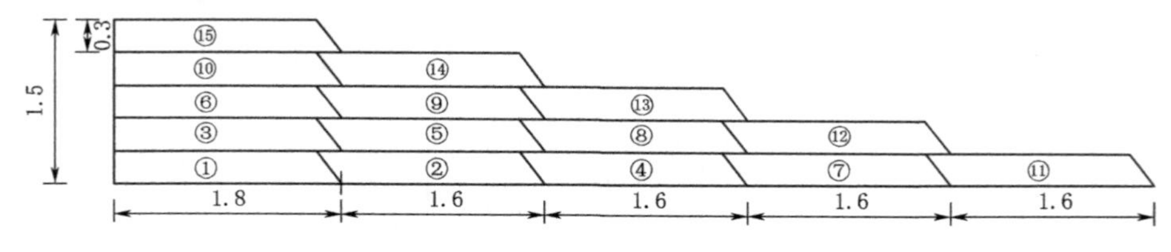

图4 台阶铺料法示意图（单位：m）

4.8 混凝土养护

混凝土浇筑完成后立即抹面收光，抹面应进行两次，防止表面开裂，并及时养护。先在混凝土表面覆盖土工布，洒水湿透后再覆盖薄膜保湿，大体积混凝土养护不少于14d并且混凝土内部与混凝土表面温度之差不大于25℃、混凝土表面与大气温度之差不大于20℃，方可撤除覆盖材料。当施工环境低于5℃时，应保温养护。

4.9 温度监测

混凝土初凝后启动冷却系统，开启循环水泵，对内部进行水冷降温。混凝土浇筑后每隔45min进行温度监测，混凝土表里温差控制在25℃之内，同时根据进水温度监测，控制进水温度，与混凝土最高温度之差控制在15～25℃，降温速率控制在2℃/d，同时不大于1℃/4h。

4.10 冷却水管封堵

混凝土通水冷却、养护完成后，冷却水管应及时压浆封堵，封堵前需清除冷却水管内的存水，压浆采用强度等级不低于P·O 42.5的硅酸盐水泥浆，灌浆压力为0.3～0.5MPa，当出口端浆液浓度达到进口端浆液浓度时，将出口端封闭。

5 质量控制要点

5.1 裂缝产生的主要原因

（1）水泥水化热导致混凝土内部温度较高，外部温度较低，内外较大温差所产生的温度应力导致开裂。

（2）内外约束条件不同，混凝土表面温度高、外界气温低，温差大导致开裂。大体积混凝土内部温度高膨胀，表面处于相对收缩状态，变形不一致导致开裂。

（3）外界气温较低易导致开裂。

（4）混凝土内水分蒸发，使混凝土收缩变形，水分蒸发产生气泡空隙，导致开裂。

5.2 裂缝分类及处理办法

混凝土裂缝根据宽度及深度由小到大可分为表面裂缝、深层裂缝及贯穿型裂缝。表面裂缝可用水泥砂浆填补，深层裂缝可用聚氨酯注浆，贯穿型裂缝需将所处部位凿除，重新浇筑或用环氧树脂砂浆进行修复。

5.3 大体积混凝土施工控制要点分析

大体积混凝土施工控制要点主要从“人”“机”“料”“法”“环”等几方面展开分析。

（1）“人”：优选专业工人，进行细致交底，强化工人质量意识，明确大体积混凝土施工与常规混凝土施工的差异性，严格按照规范及专项方案施工。

（2）“机”：机械设备配备充足，确保混凝土供应满足现场需求，各项设备如罐车、泵车、水泵等做好备用管理，防止突发情况影响混凝土浇筑的连续性。

（3）“料”：优化配合比，选用水化热较低的水泥，或降低水泥使用量，严控集料级配以及含泥量。掺加缓凝剂及减水剂，缓凝剂可延缓混凝土凝固时间，使其在凝固前充分散热。减水剂可在保证混凝土强度及和易性的前提下尽量减少拌和用水量，减轻混凝土内水分蒸发所引起的裂缝。严格控制混凝土入仓温度，入仓温度受原材料的温度、运输途中升温的影响，因此可采用的方法有：砂、石存放于室内，为拌和楼皮带输送机搭设遮阳棚，尽量取下部温度较低的骨料，料仓碎石人工洒水降温，拌和用水采用温度较低的地下水（必要时可加冰降温，混凝土拌和站搅拌机常用冷水预冷和冲洗，等等。

（4）“法”：掌握大体积混凝土施工方法，混凝土浇筑采用台阶法对铺料、冷却水管进行降温，严密监控混凝土温度变化，确保混凝土表里温度及表层与环境温度的差值在规范允许范围内，混凝土初凝后进行保湿或保温养护。

（5）“环”：尽可能在适宜的温度环境下施工，避免在雨天、高温及外部气温低于5℃时施工，如必须进行施工，应采取有效措施，防止环境对混凝土施工产生影响。

6 结语

该项目针对大体积混凝土进行有效的温度控制，不但保证了施工质量，而且避免了后期裂缝修补产生的资源浪费。随着水利工程建设的发展应用该方法可以节约资源，为后续施工奠定坚实基础，并为同类型工程提供借鉴，具有显著的经济效益和社会效益。

参考文献

[1] 朱伯芳．大体积混凝土温度应力与温度控制［M］．北京：中国电力出版社，1999.

长距离大口径 PCCP 管道安装施工工艺在供水工程中的应用

朱艳辉　赵本建　李　敬

【摘　要】本文针对长距离大口径 PCCP 管道安装技术进行分析和探讨，该施工工艺包括管道运输、沟槽开挖、管道吊装对接、沟槽回填、管道防腐、管道水压试验等主要工序，实现了管道安装验收，确保了 PCCP 管道的安装质量，提高了 PCCP 管道的安装水平，可为类似工程提供借鉴。

【关键词】PCCP 管　大口径　长距离　施工工艺　安装

1　引言

龙河口引水工程是合肥市重点民生工程之一，满足合肥市、舒城县居民生活需水。设计年引水量为 14800 万 m^3，其中向合肥市年供水量为 12000 万 m^3（45 万 m^3/d），向舒城县年供水量为 2800 万 m^3（远期 15 万 m^3/d、近期 10 万 m^3/d）。从龙河口水库取水口，经舒城、丰乐河、肥西，到达终点磨墩水库，输水管线采用预应力钢筒混凝土管道（PCCP 管）压力流输水的形式。

该工程 PCCP 管道直径为 2400mm，管线全长 18.76km，单根管重 23t，长 6135mm。大口径管材重量大、体积大，操作不方便，吊装和安装存在较大难度。另外，管道埋深超过 5m，给沟槽开挖、回填以及管道安装造成困难。

2　施工工艺流程

施工工艺流程为：场地清理→测量放线→管道验收与存放→沟槽开挖→管道安装→沟槽回填→管道水压试验→完工。

3　场地清理

场地清理范围包括永久和临时工程、料场、存弃渣场等施工用地需要清理的区域地表。在场地开挖前，清理开挖区域内的树根、杂草、垃圾、废渣及其他有碍物。主体工程植被清理的树根，范围应延伸到离施工图纸所示最大开挖边线、填筑线或建筑物基础外侧 3m 距离，占地类型为耕地、草地及园地的表层按 30～50cm 厚度剥离。

4 测量放线

测量人员按照设计开挖图、施工方案对沟槽开挖边桩放样。施工时逐层控制，每挖一层应复测中心桩一次，每隔 10m，在基底和边坡范围插杆挂线开挖，保证基底和边坡的高程、坡度等技术参数满足要求。开挖过程中，经常校核测量开挖区域的平面位置、水平标高、控制桩号、水准点和边坡坡度等是否符合施工图纸要求。

5 管件验收与存放

5.1 管件运输

该工程采用的直径为2400mm的PCCP管道，每节为6m，单节重量为21～23t，考虑到运输沿线局部位置有限高要求，管道主要运输车辆选用板宽为3500mm、高为700mm，长为6200～6700mm的特种低矮板，运输能力为50～80t。

5.2 管道验收

对管材出厂证明书及实际产品质量、规格、性能、数量等进行检验，不合格管材禁止在工程中使用。每根到场的PCCP成品管均进行外观检测，合格后方可接收。

5.3 管件吊运

管件运至安装现场后，具备入槽条件的管件吊运入管沟，不具备条件的在临时堆管区存放。管材起吊采用两点兜身吊或专用的起吊工具，严禁采用穿心吊，起吊索具用柔性材料包裹，以免损坏管道。装卸过程中始终坚持轻装轻放的原则。对管材的承口、插口妥善保护，以防损坏。

5.4 管道存放

堆场内设置最小厚度为150mm的垫层。管道按安装图纸顺序单层存放，禁止叠层存放。管材存放时两处垫物支点距管端距离不超过管长的1/5。管道需要长期（一月以上）存放时，采取适当的养护、保护措施。有涂层防腐需要的管道要有防晒、防碰、防老化的存储措施，防止管道涂层受损、开裂及老化。

6 沟槽开挖

6.1 沟槽边坡

沟槽开挖深度超过5m的部分（表1），属于超过一定规模危险性较大的分部分项工程，需要编制专项方案，组织专家论证。沟槽开挖深度超过5m时，设置二级坡（设置在距离槽底5m高度），坡比为1：1.5，平台宽度为1.5m，槽底宽度为4.5m（图1）。

表1 管道沟槽开挖支护特性表

序号	地面高程/m	开挖底高程/m	开挖深度/m	一级放坡	二级放坡
1	37.20	30.10	7.1	1：1.5	1：1.5
2	39.20	33.10	6.1	1：1.5	1：1.5
3	45.60	40.60	5.0	1：1.5	1：1.5
4	43.28	37.60	5.68	1：1.5	1：1.5

续表

序号	地面高程/m	开挖底高程/m	开挖深度/m	一级放坡	二级放坡
5	43.30	37.10	6.2	1∶1.5	1∶1.5
6	56.50	49.50	7.0	1∶1.5	1∶1.5
7	56.00	48.60	7.4	1∶1.5	1∶1.5

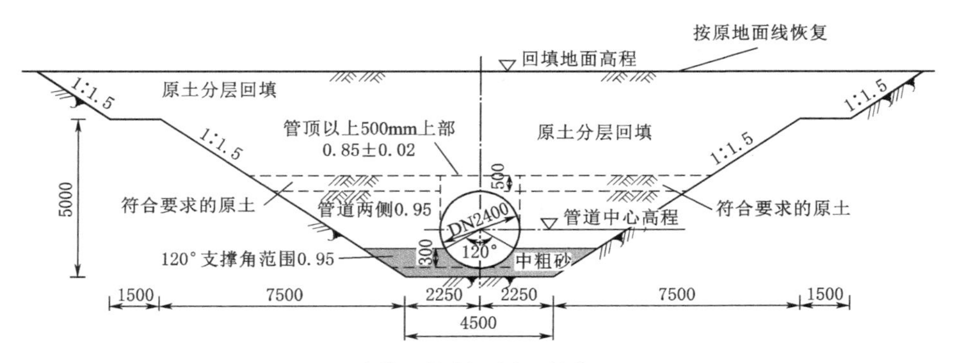

图1 沟槽开挖断面图（单位：mm）

6.2 土方开挖

6.2.1 开挖原则

（1）沟槽在开挖过程中掌握好“分层、分步、对称、平衡、限时”五个要点，遵循“自低向高、逐次推进、纵向分区分段、竖向分层、先支后挖”的施工原则。

（2）沟槽开挖采用挖掘机分台阶接力式后退连续开挖的方法（图2）。

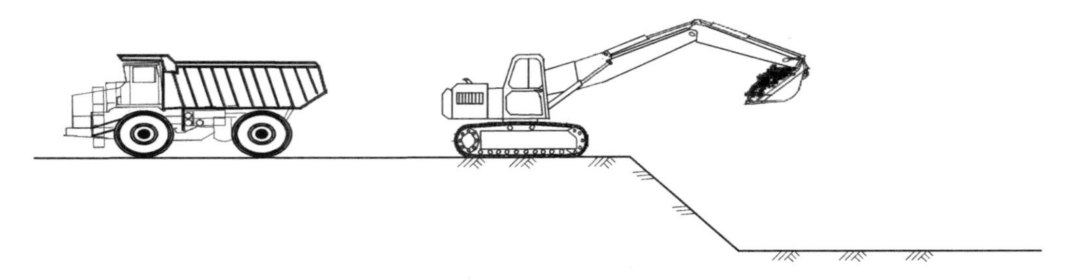

图2 沟槽开挖示意图

6.2.2 分段开挖、分层开挖

（1）分段开挖。沿沟槽纵向，每180m左右划分为一段，由浅到深逐层开挖，一段挖完后再从浅层开挖下段，这样开挖施工可以尽快为主体结构施工提供作业面，保证段内流水作业。

（2）分层开挖。每个施工段根据开挖深度分层开挖。$1m^3$ 挖掘机每次开挖深度控制在3.0m左右，逐层向下开挖，基底预留30cm保护土层，人工配合机械开挖。

6.3 基面验收

沟槽挖到设计标高后，立即报请监理验收，监理验收合格后再请业主组织监理、勘察、设计进行基础验收，并做好隐蔽工程验收记录，验收完成后及时进行垫层施工，尽量减少暴露时间。

7 管道安装

7.1 吊装设备

根据该工程连续安装作业要求，及PCCP管自重大等特点，考虑到履带吊对路面要求低、安装效率高、综合费用低的优点，拟采用履带吊进行安装。根据实际情况，135t履带吊可以满足施工作业要求。履带吊结构如图3所示。

按照设计沟槽开挖断面图（图1），管道沟槽吊装深度约为10m，临时道路距坡顶5m，考虑到履带吊安全作业距离为2.5m，吊装的作业半径需要达到17.5m。该工程采用的直径为2400mm的PCCP管道，每节为6m，单节重量为21～23t，取最大单管重量约为23t，履带吊安全作业距离为2m，吊装半径为18m。SCC1350A-6履带起重机吊装半径为18m时，起吊能力大于23t，可以满足该工程的需求。

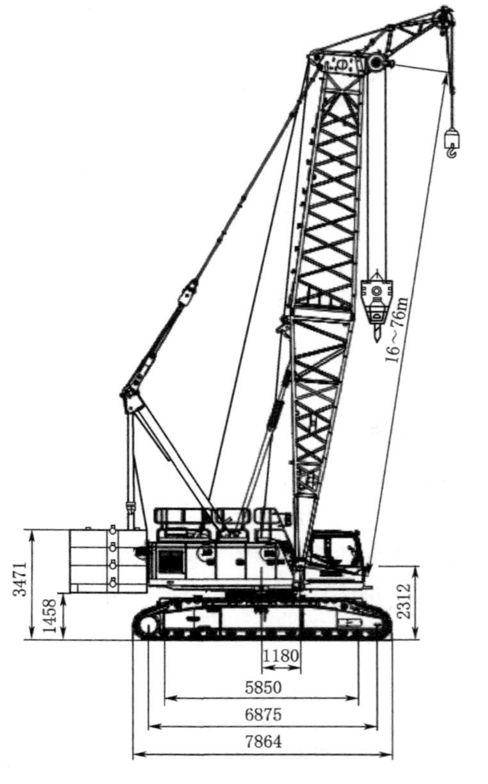

图3 履带吊结构（单位：mm）

7.2 起吊

在基底垫层验收合格后，采用135t履带吊将PCCP管道吊入基坑内。用高强纤维吊带或外裹柔性材料的钢丝绳兜身起吊，使管道一次大体就位，避免在沟槽内多次搬运、移动管道。

7.3 清洁管道接头

管道起吊并移至安装位置附近后，将承口内部和插口外部的泥土脏物清刷干净，彻底清扫管内的杂物和尘土。清理管子承口和插口，使工作面光滑、无突起异物。在管材的插口、承口涂刷食品级植物类润滑油，严禁使用石油类润滑油。

7.4 密封橡胶圈安装

先用润滑剂润滑橡胶圈，然后将橡胶圈放入插口环凹槽内，再用一根短棒插入橡胶圈，下绕全管口转2～3圈以调整胶圈松紧，使橡胶圈均匀地套入插口环凹槽内，且无扭曲、翻转等现象。橡胶圈安装好后，在其外表面涂刷一层润滑油。

7.5 管道对接安装

将基准管严格按设计要求的安装高程、位置找平找正，准确就位，然后用履带吊吊起准备对接的PCCP管，推到已安装管口附近进行接头清理和橡胶圈安装，PCCP管接头如图4所示。

橡胶圈安装合格后，将管道插口缓缓靠近已就位管的承口，为防止承插口环碰撞，使插口端与承口段保持平行，并使圆周间隙大致相等。当管道移动至距已装好管道的承口

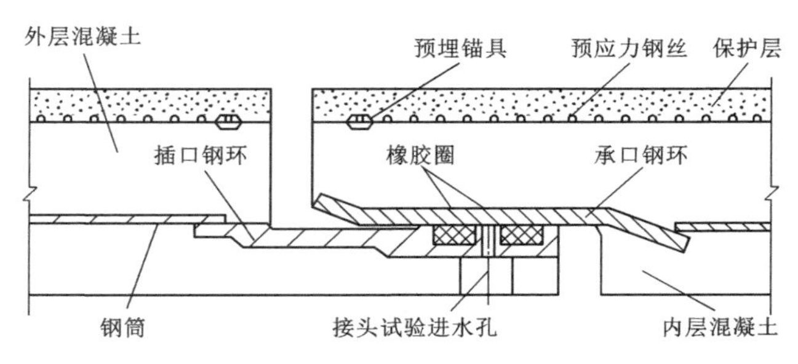

图 4　PCCP 管接头

10～20cm 时，用方木支垫在两管之间，防止碰撞。

轴线对中、找正后，安装内拉装置并撤除支垫方木，利用内拉装置将待装管道的插口缓缓靠近并缓慢进入已就位管道的承口中，直至达到规定的安装间隙。

对接过程中，设专人观察承插口对接情况，人站在管接口处，观察承插口的缝隙亮光是否均匀，如缝隙亮光均匀，说明承口、插口对正。在插口进入承口过程中，仔细观察橡胶圈滑入情况，并用直尺及限位块及时检查环向间隙是否均匀，随时进行调整。

每节管道安装完毕后，用钢制测隙规检查密封橡胶圈是否仍然在插口环的凹槽内，检查接口间隙是否符合规定要求。该工程要求胶圈安装偏差为 2mm，如发现橡胶圈位移或接口间隙超差，要拆除重新安装。经检验合格后，才能将吊具移开。

7.6　接头打压试验

管道安装完成后，随即进行接头打压，以检验接头的密封性。接头打压使用经过率定的专用加压泵，从接头下部的进水孔压水，从上部排气孔排气；排气结束后拧紧螺栓，加压至规定的试验压力，保持 2min 压力不下降，即为合格。若发现有渗漏现象或压力无法保持，拆除重新安装。重新安装时检查橡胶圈有无损坏，有损坏必须更换，并再次打压，直至合格为止。

试压合格后，取下试压嘴，在试压孔上拧上 M8 螺栓并拧紧。进行水压试验时，先排净水压腔内的空气。接口打压试验分三次进行，管道安装后进行第一次接口打压试验，后续管道安装两根后对此接口进行第二次打压试验，管道回填后对此接口进行第三次打压试验。

7.7　管道接头处理

7.7.1　接头外侧安装要求

（1）管道接头需在外侧灌浆并辅以人工抹浆。

（2）水泥砂浆调制成流态状。

（3）接头处外侧裹覆的帆布宽度不小于 20cm，并用张紧装置拉紧。

（4）管道接头灌浆密实、饱满。

7.7.2　接头内侧安装要求

（1）管道接头需在内侧进行防霉聚硫密封装（双组分），填满抹平。

（2）沥青麻油绳缠紧压实。

（3）用沥青涂料腻子封口，管道内表面要抹平。

8 沟槽回填

(1) 对压力管道进行水压试验前，除接口外，管道两侧及管顶以上回填高度不应小于0.5m；水压试验合格后，应及时回填沟槽的其余部分。

(2) 从管底基础部位开始到管顶以上0.5m范围内必须采用人工回填，严禁用机械推土回填。

(3) 回填时，沟槽内应无积水，不得带水回填，不得回填淤泥、有机物及冻土，回填土中不得含有石块、砖及其他杂硬物体。

(4) 回填土的压实度应满足规定，位于管道正下方、宽度为管道外径1/3范围内的垫层不宜压实，其余部位压实度不小于90%。最大粒径不得大于1/4管底垫层厚度。

9 管道水压试验

9.1 实验压力

根据规范要求，该工程PCCP管道试验压力为1.0MPa，水压试验采用注水法。

9.2 盲板加固

管道在进行水压试验时，在水的压力作用下，管道将产生巨大的推力，该推力全部作用在试压段的盲板上。试验管段用后背支撑加固盲板，后背应设在原状土或人工后背上，土质松软时应采取加固措施。另外，后背墙面应平整并与管道轴线垂直。盲板加固如图5所示。

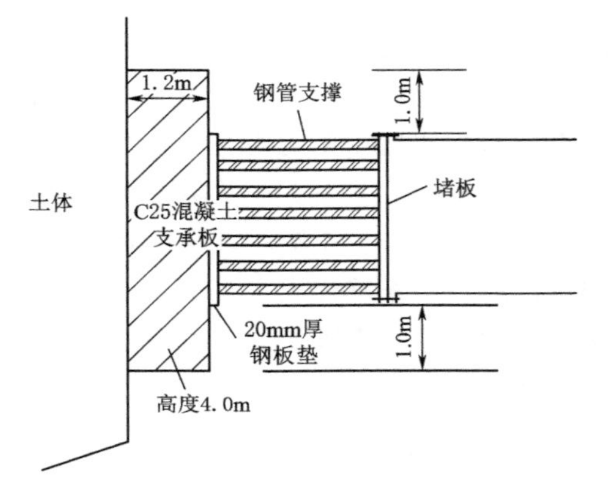

图5 盲板加固

9.3 试验流程

管道试压流程如图6所示。

9.4 试压方法

9.4.1 实验阶段划分

(1) 浸泡阶段。打开管道高处的排气阀，充分排除空气，充水流量不大于$0.5m^3/s$，充满水后，充分浸泡72h或以上。

(2) 预试验阶段。充分浸泡管道后，将管道内水压缓缓升至试验压力并稳压30min，期间如有压力下降可注水补压，但不得高于试验压力。检查管道接口、配件等处有无漏水、损坏现象。

(3) 主试验阶段。管压升至试验压力后，停止注水补压，稳定15min。15min后压力下降不超过0.03MPa时，将试验压力降至工作压力并保持恒压30min。检查外观，管身及接口无破损及漏水现象，即为合格。

9.4.2 注水

管道注水时，打开排气阀门和进入口处的法兰，从两端或一端用5～8台水泵注入，使管道内的气体自然地从管道上端排除。管道注水时水流速度不可太快，应使管道的进水量与排气量相匹配，如进水量大，而排气少，管道内气体就会滞留在管道内，形成的气囊

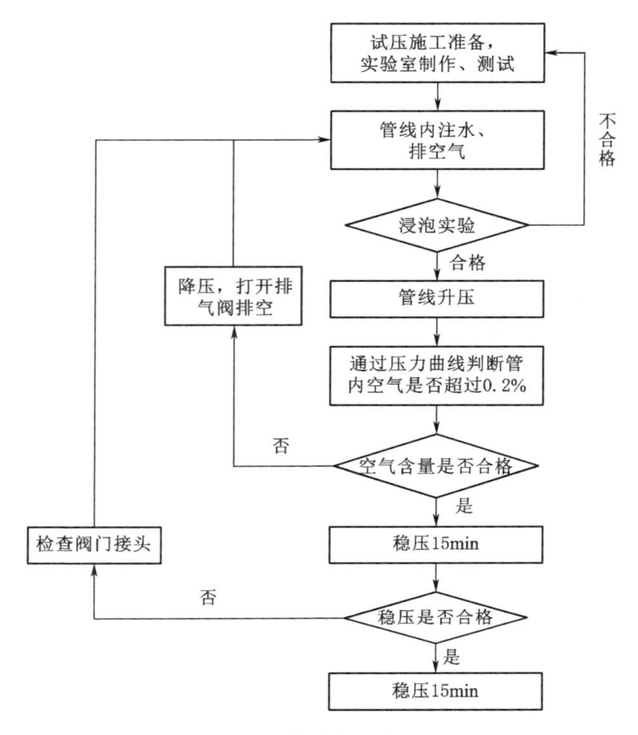

图 6　管道试压流程

会影响水压试验效果。

9.4.3　升压

升压时，压力应缓慢上升。在管线压力达到 75%以前，升压速率不大于 0.1MPa/min，在管线压力达到 95%以后，升压速率应小于 0.01MPa/min。

9.4.4　稳压

(1) 当管线的压力升至试验压力后，关停试压泵，拆开相关的注水软管，并静止一段时间（约 1h）。

(2) 管线内的压力平衡并稳定后，管线要在试验压力下稳压 15min。稳压过程中，管线的压力变化情况要用压力记录仪、压力显示器记录下来。

(3) 水压试验合格标准为：15min 内压力下降满足规范标准，检测管道外观，无渗漏水现象，则水压试验合格。

9.4.5　卸压

(1) 试压完成后，管线的卸压要缓慢进行，卸压速率不大于 0.1MPa/min。

(2) 打开试压室上的排气阀放水降压。

(3) 试压完成后，及时提交试压报告给各方会签。

10　结语

本文根据长距离大口径 PCCP 管道安装施工工艺在供水工程中的应用，介绍了管道运输、沟槽开挖、管道吊装对接、沟槽回填、管道水压试验等主要施工工序。龙河口引水工程施工 2 标段实际施工过程中，严格执行规范，同时认真按以上技术要点施工，取得了良好效果。

参考文献

[1] 缪晓涓，陈保泉．PCCP 管施工技术 [J]．水利建设与管理，2011，31 (3)：4-5，26.
[2] 尹晓琴．浅谈大口径 PCCP 输水管道双管线并排敷设施工技术 [J]．福建建筑，2012 (8)：58-60.
[3] 苏楠．浅析 PCCP 管道施工技术 [J]．中国新技术新产品，2015 (20)：142.

超静定水平与垂直装置调节同心度技术应用

张振民　李　广　倪　波

【摘　要】 在安徽省望江县漳湖圩漳湖泵站工程施工过程中，机电设备精细化安装是保障整个泵站稳定运行的关键，而大流量泵站同心度和轴线度在其中起到重要作用。在水泵机组安装过程中，采用超静定水平与垂直装置，以轴承座校正安装电机基座并处于水平状态，使两轴孔中心点的机座传动轴孔与泵体弯管上轴承同心，确保同心度与轴线度稳定，使水泵机组安装质量得到最大保障，加之有新技术加持，使施工效率得到最大限度的提高，经济效益和社会效益方面也得到最大收获，为后续工程施工积累了很多宝贵经验。

【关键词】 泵站　水平调节　垂直度　同心度

1　引言

随着我国机电提水工程的高速发展，提水设备容量不断增大，提水效益不断提高，更多的轴流泵与混流泵应用在水利泵站工程中，而机电设备往往是水利工程建设的核心，其精细化、精确安装是保障整个泵站稳定运行的关键。望江县漳湖圩漳湖泵站工程在水泵安装过程中，总结以往施工经验，在安装电机设备时，利用超静定水平与垂直装置，快速校核大口径基座，提高安装水平，同时利用轴中心精准校正使机座传导轴与泵管轴承同心。安装前进行精确校正，使轴线度与同心度处于一条线，可以减少泵站运行后可能出现的振动、杂音、轴承升温、效率降低等问题，减少维护检修次数，降低维护运行成本，延长泵站的运行使用寿命，最大限度地发挥泵站的效益。

2　工艺原理

将自制的超静定水平与垂直装置放置在电机座上，中心孔对准轴线孔，中性线处垂直吊一根钢线，以之作为中心，即测量中心线。连接测量系统以 12V 安全电源串联一耳机，一头连接在基座上，另一头连接在钢线上，然后用螺旋测微器测量基座内侧到钢线的距离，此时螺旋测微器读数即为要测的距离。以进口流道为基准，利用以上方法并调整垫铁，以调整下支撑座上法兰内孔的对中同心，找平下支撑座上平面，用螺栓固定，直至满足要求。找准安装的基准，安装电机基础板、导叶体、下机架，根据水泵主轴法兰盘平面与下机架顶面的距离推算出下导轴承中心的标高、机架的标高和水平，用垫片和楔铁调节，并利用水平与垂直调整装置调整水平度与同心度，直至满足要求。定子吊入基础后，按照水泵主轴法兰盘标高及各部件的实测高度校核定子高程，以确定定子铁芯高度的平均中心线。

3 施工工艺流程及操作要点

3.1 施工工艺流程

施工工艺流程如图1所示。

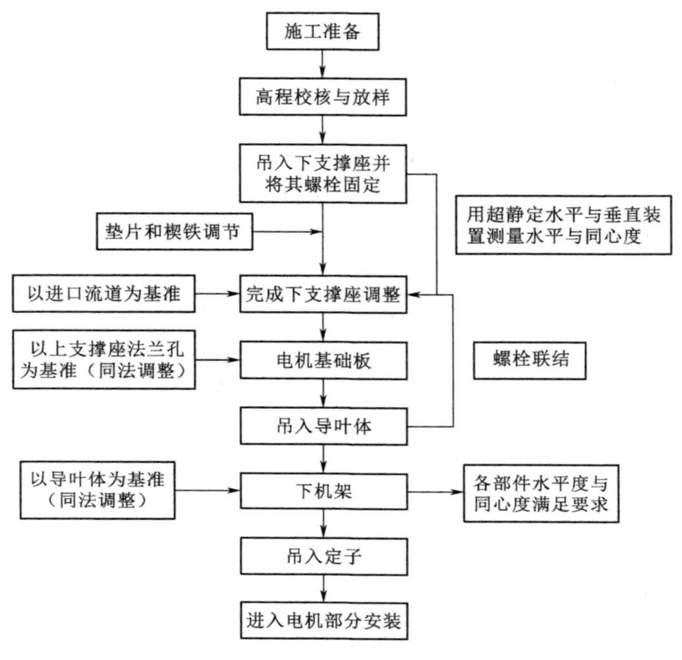

图1 施工工艺流程

3.2 调节装置的制作

超静定水平与垂直调节装置主要包括大口径或大跨度的水平调节装置（图2）、大口径垂直调节装置（图3）两部分组成。大口径水平调节装置主要使用一根方管，顶部用电焊焊制两根L型钢以固定框式水准尺，底部一端焊制一个“八”字形支腿，另一端利用螺杆调节水平高低。大口径垂直调节装置主要将两工字钢平行焊制在一起，底部设置八字腿，顶部设置可前后左右移动的调节器、8～12mm的鱼线钢丝、千分表等。

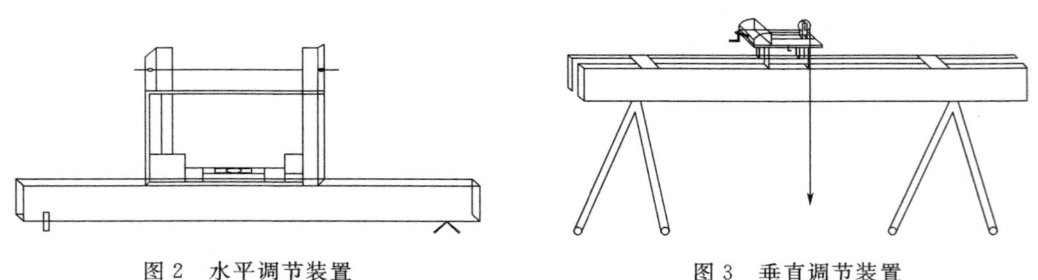

图2 水平调节装置　　图3 垂直调节装置

3.3 水平与垂直调节装置的使用方法

吊入水泵基础层的下支撑座，将下支撑座用螺栓固定，以进水流道为基准，对下支撑座的水平度与同心度进行垂直调整。首先进行水平找平调整，将调平装置水平放置在下支撑座上方观察水泡偏向的位置，顺时针按 30°放置，并观察记录水泡的位置，如水泡处于中心位置，则无须进行水平调整，如水泡偏向一边超出中心范围，则说明水泡所处的位置偏高，对应的反方向位置偏低，在对应的方向位置底部垫垫铁调整，直至符合要求；然后进行垂直同心度调整，主要使电机机座轴承孔的中心与水泵泵体轴孔中心同心，以电机带动水泵转动传递动力，同心度将直接影响其工作性能，电机负荷过重将无法正常运转。

在下支撑座上，前后左右 4 个方位找 4 个可调节的螺丝位置，并在上方标记记号，以便测量数值后可对相应 4 个方位进行调整。在确定安装的下支撑座中心位置，将自制的超静定垂直调节装置架设在电机座口上方，并将垂线对准下支撑座的中心直至垂球浸入底部油桶，防止风大致使重线晃动，以之作为同心度的中心线，同时调整测量线。将测量的螺旋测微器与座体、钢线、耳机等使用 12V 安全电压的设备串联在一起，用螺旋测微器测量下支撑座内壁到钢线的距离，当其长度刚好等于其测量距离时，即为螺旋测微器要测的距离。使用螺旋测微器测量其前后左右四个方位的距离，根据测得的数据值作出具体的调整，当前侧距离大于后侧的距离时，利用公式计算调整数值［平均值＝(前值＋后值)/2］，松开底座螺丝，用铁锤敲击底座使其向前稍微移动，然后再次测量其距离，观察测量数据的变化。反复以上步骤，使其移动到符合要求的位置，前后左右 4 个方位基本对称，此时调整的同心度符合规范要求。

3.4 施工工艺与操作要点

3.4.1 水泵部分安装

水泵部分安装主要为水泵层下、上支撑座的施工。将叶轮部件、叶轮室、导流件吊入出水流道层，以进口流道为基准，检查下支撑座上法兰内孔的对中性；地脚螺栓用螺母穿在上支撑座上，以下支撑座上法兰内孔为基准，检查上支撑座内孔的对中性；采用超静定水平与垂直调节装置调整方法调整水平度与同心度，检查上支撑座上平面的平面度，使同心度与水平度在允许范围内。合格后对地脚螺栓预留孔进行灌浆，强度比一期混凝土高一等级，仅灌浆浇注地脚螺栓孔，不浇注斜垫铁和下支撑座，保证地脚螺栓头部露出下支撑座下法兰上方 70mm。灌浆养护 7d 后，拧紧地脚螺栓的螺母，将下支撑座、上支撑座与基础固定在一起。

3.4.2 叶轮外壳、导叶体、叶轮的整体吊装

安装电机基础板并以上支撑座上法兰内孔为基准，检查电机基础的对中性，利用以上调整方法调整水平度与同心度，使之在允许的范围之内，将叶轮外壳、导叶体、叶轮三大件在电机层整体装配好，整体吊入基坑座下底座上，导叶体中间法兰与下底座用螺栓连接好，调整导叶体中心与流道进水导水锥中心并使之一致，调整水泵水平并检查导叶体装轴承处法兰的水平，使水平度在允许范围内。拧紧地脚螺栓，浇注下泵座的二期混凝土，最后再次复查泵体的同心度与水平度。吊入导叶体，用螺栓连接导叶体与下支撑座。将顶盖吊装到上支撑座上，以导叶体安装导轴承处的内孔为基准，检查顶盖与过渡板配合处的对中性，校核调整水平度与同心度，使之在允许范围内。合格后，配铰导叶体与下支撑座、顶盖与上支撑座的定位锥销孔，在做好方位记号后，吊出顶盖并拆掉导叶体。将叶轮部件

立式放置，将叶轮室安装到叶轮部件外侧，并连接成整体，检查间隙是否均匀，再次吊入导叶体并与叶轮室连接成整体。将泵轴穿过导叶体，泵轴与中间拉杆套装好，松开防止中间拉杆下滑的钢管，用吊环螺钉加吊绳防止中间拉杆滑落。轴端法兰与轮毂体用螺栓连接好，并用O形密封圈防止动垫圈松动，泵轴和叶轮部件端面局部间隙不能超过0.05mm。在下支撑座圈槽内装好O形密封圈，将组装的导叶体组件吊入井筒内，先装好水下振动传感器，落在下支撑座上，在定位锥销孔装好锥销，用螺栓将导叶体与下支撑座连接成整体。

3.4.3 安装下机架、定子，校水平及中心

电机正式安装时，先将下机架吊到基础上，注意各支臂及油水管路的位置是否符合外形图要求，根据水泵主轴法兰盘平面与下机架顶面的距离推算出下导轴承中心的标高、机架的标高和水平。定子吊入基础后，按照水泵主轴法兰盘标高及各部件的实测高度校核定子高程，应使定子铁芯高度的平均中心线稍高于转子铁芯高度的平均中心线。

3.4.4 电机安装

（1）电机吊运及定子调整。泵站电机总重48t，转运转子重量为13.5t。利用厂房内吊钩桥式起重机进行吊装，起重机最大额定起重重量为32t，完全满足安装要求。

校核基础板标高、水平和中心并确定合格后，将下机架吊到基础板上，将定子放到下机架上，与下机架连接，校正定子中心。将电机下机架与基础板连接后开始安装，调整定子中心、水平、同轴度。以下水导轴承承插口中心为准移动下机架校正中心，沿铁芯内壁高度方向上、中、下三处，沿圆周测定8点，计算出定子中心需调整的值，调整方法为可用千斤顶顶移，千斤顶按圆周测量点位置分布于定子上或下机壁外缘上；也可用大锤锤击下机架和基础板结合处，但需避免定子局部变形和焊缝裂开。定子中心、同轴度调整尽量做到精确，以便转子吊入后不再调整定子。高程以电机磁场中心为准，兼用高程值校核。水平以定子上平面为准，当水平度和同轴度冲突时，以同轴度为先。合格后浇二期混凝土。

电机定子安装符合要求后，将电机转子吊入，找准电机轴垂直中心，用盘车测定电机轴的摆渡，确认符合要求后，连接油管，用预装螺栓连接电机轴和泵轴；测量其法兰面接触情况，并找准主轴垂直中心，测定整个轴系的摆渡，如果不能满足要求，在泵轴上对法兰面进行铲刮，直到符合要求；确认符合要求后，才可开始铰削连轴法兰上的精制螺栓孔，铰好一个孔装上一个螺栓，并做好标记，全部铰好后，再复核轴的摆渡，直至达到要求。

（2）安装上机架与推力轴瓦。定转子安装后，将上机架吊上定子。检查机架与定子各组合面的接触情况，要有70%以上的接触面。上机架中心调整可根据测量的油槽加工内圆与转轴之间径向距离进行，中心误差要求在0.5mm以内，上部机架的标高允许误差为±(1～2)mm，定子电机磁极中心稍高于转子磁极中心，并在推力轴承支持螺丝调整范围内。上机架和定子一般在制造厂已经对校中心，并钻铰定位销。

（3）电机单独与连轴整体盘车。单独盘车的目的在于检查与校正电机轴线，检验推力头镜板平面的垂直程度，电机在法兰盘处的净摆渡要求不大于0.02mm/m，它由法兰盘到推力轴承镜板面的距离决定。根据测点数反复调整相对位置，反复处理摆渡，直至符合要求。

重复检查法兰盘间隙及校正中心，调整方法为：在推力头处用千斤顶或上导轴承瓦推移转子，进而达到调整中心的目的。用调节推力轴瓦支撑螺丝的方法，使法兰盘水平。为防止法兰盘连接时轴出现摆动，可装下导轴瓦并抱紧主轴，待连接后再松开。调整定位，

要求四周间隙均匀，通过盘车轻重合适，轴承与泵轴的间隙为0.50～0.60mm。上导轴承安装以及填料部件安装时，调整四周间隙，使之均匀一致，轴承与泵轴间隙为0.50～0.60m，通过盘车认为轻重合适后，配钻铰孔，打入定位销；然后装填料盒，调整四周间隙，使之均匀，并装进填料、压盖以及填料环，预紧压盖后上退松螺母。安装下导流体与喇叭管，先将下导流体上端面与上导流体通过螺栓连接，下端面与导叶体内筒体法兰面通过螺栓顶死，再将喇叭管安装在导叶体上。

3.5 安装质量控制要点

（1）以安装选择的基准，检查安装部位基础的对中性，同心度允差为1mm；检查基础板上平面的平面度，允差为0.05mm/m。

（2）混凝土基础要有所控制，进出水流道处圆度偏差不大于±5mm，基础安装高程偏差为0～－5mm，基础水平偏差不大于1mm/m，如超过以上偏差，需要处理修正，以防基础偏离。

（3）水平度与同心度合格后，对地脚螺栓预留孔进行第一次灌浆，二期混凝土采用细石混凝土，强度应比一期混凝土高一等级，养护期7d左右，灌浆养护期后，拧紧地脚螺栓的螺母。

（4）对电机制动器制动闸顶面的标高进行测量和调整，要求各制动闸在同一水平上，相互间误差在1mm时，可在制动器下加垫片调整。

（5）轴端法兰与轮毂体用螺栓连接好，并用止动垫圈防松，注意装好销和O形密封圈。泵轴和叶轮部件端面局部间隙不能超过0.05mm。

（6）按规定方向盘车，盘车时应有专人指挥，在上、下百分表处有专人监视和作书面记录，每转动一个点，读数一次。

（7）对进场的材料与设备严格地进行管控报验，特别是机电设备，要做好各方的进场存放与开箱验收等工作，确保设备合格。

4 结语

随着我国工业与农业的快速发展，以及农田旱涝保收标准的提高，加之不断对水资源进行开发与利用，水利工程中泵站提水与排水技术得以迅速运用。水利泵站机电设备在整个漳湖泵站工程中属于建设重点，其精细化、精确安装是保障整个泵站稳定运行的关键。安装过程中，采用超静定水平与垂直装置校正电机基座，使之处于水平，使机座传动轴孔与泵体弯管上轴承同心，确保同心度与轴线度稳定，防止整个水利泵站机电设备安装质量受到影响，防止设备运行过程中出现振动、杂音，以及轴承升温、效率降低等问题，提高了安装精度，减少了后期维护，取得了良好的经济效益和社会效益。

参考文献

[1] 李永涛，李学忠，杨宁．浅谈机泵同心度的调整方法［J］．中国科技博览，2012（12）：1.

[2] 祝学辉．水轮发电机组盘车中的轴线调整问题分析及解决方案［J］．引文版：工程技术，2015，(43)：188－190.

跨河桥梁湿接缝模板吊装施工装置在桥梁施工中的应用

王广府　朱家军　马俊杰

【摘　要】在霍山双湾大桥工程施工过程中，桥梁桥面湿接缝模板安装是一项重要的工作，尤其是位于河道上部的湿接缝施工，模板支护往往需要辅助船只运至桥梁湿接缝下方，用吊绳固定好模板后依靠人工从桥上吊起，安装到指定位置后，再转到下一模板安置点，施工危险性大且施工效率低，严重影响施工工期。利用可移动式跨河桥梁湿接缝模板吊装施工装置，能够快速吊运模板到安装位置，解决现有技术中存在的施工效率低、人员占用多等问题，确保施工安全及施工进度。

【关键词】湿接缝　模板　吊装施工装置　桥梁

1　引言

双湾大桥位于安徽省霍山县，系霍山生态新城路网工程 PPP（Public-Private-Partnership，政府和社会资本合作）项目建设内容之一，设计全长 923.8m，最长单跨为 40m，其中有 680m 位于河道上方，在桥面湿接缝施工过程中，单片湿接缝模板尺寸为 2m×0.6m。根据以往施工经验，传统桥梁湿接缝模板吊装方式效率低下，吊装作业耗时较长，严重影响施工工期。为满足现场施工需要，同时保证湿接缝模板吊装质量，霍山生态新城路网工程 PPP 项目双湾大桥在湿接缝模板吊装施工中经过多次试验，不断总结，形成了侧向移动、启动吊装、快速安装的施工工艺，使湿接缝模板吊装施工质量得到最大保障，而新技术也使施工效率得到最大限度的提高，经济效益和社会效益方面也得到最大收获，为后续工程施工积累了很多宝贵经验。

2　特点

2.1　可行性强，吊装效果好

该吊装装置应用广泛，可以用于房屋建筑、悬吊施工、桥梁修复等。侧向滑轮及固定装置可保证该吊装装置在侧向移动的同时为之提供附着力，增加吊装装置工作的稳定性。支撑装置为钢筋焊接装置，可为吊装作业提供一定的工作空间，方便模板吊装就位、人工操作施工，同时连接工作平台作为吊装装置的支撑。

2.2　劳动强度大大降低

同一湿接缝模板吊装操作，根据施工需要，除湿接缝模板吊装操作人员外，通常需配备两侧吊放人员、辅助工人等 5 人，而采用吊装施工装置仅需要 2 人现场辅助作业即可。

2.3 劳动生产率得到很大提高

采用湿接缝模板吊装施工装置，以移动吊装连续施工，减少安装工人连续拉模板操作，一个工作台班可完成原来 4 个台班的工作任务，大大提高了工作效率，最大限度地节省了工期。

2.4 成本低廉

主要设备为一个卷扬机，下部采用侧向移动滑轮，即可完成施工，较传统人工吊装模板省时省力，同时大大降低了项目运营成本，制作简单轻便，可循环使用。

2.5 运行期间维修和保养方便、简单

系统所需元器件均为小型设备，主要用卷扬机结合组装而成，使用操作较简单，同时维修方面，不需要专业人员即可更换操作。

3 适用范围

适用于桥梁湿接缝模板吊运安装，还可以用于房屋建筑模板吊装、悬吊施工、桥梁修复施工等，可在类似工程中推广应用。

4 工艺原理

移动侧向滑动装置沿桥侧方向至湿接缝模板需安装位置，由操作手启动卷扬机将缆绳下放，下方由工人固定好模板，将模板用卷扬机吊运至模板湿接缝安装位置，由桥梁上方工人调节模板角度，固定好模板即可移动模板安装装置至下一模板安置位置。

4.1 侧向滑动装置

侧向滑动装置包括侧向滑轮和固定装置，侧向滑轮与固定装置连接成整体，主要提供侧向滑动力，使整个装置可以沿桥侧方向自由移动；固定装置为整个平台提供基础附着力，使整个平台工作状态更加稳定自如。

4.2 支撑装置

支撑装置为钢筋焊接装置，为吊装作业提供一定的工作空间，方便模板吊装就位、人工操作施工，同时连接工作平台作为吊装装置的支撑。

4.3 吊装装置

吊装装置主体为卷扬机及缆绳吊运装置，卷扬机固定在操作平台上，为整个机器提供机械动力，利用缆绳吊运模板至湿接缝安装平台，进行安装施工。启停装置主要作用于卷扬机，方便卷扬机通过缆绳吊运模板，调节模板角度。

5 施工工艺流程及操作要点

5.1 施工工艺流程

湿接缝模板吊装施工工艺流程如图 1 所示，施工装置结构如图 2 所示。

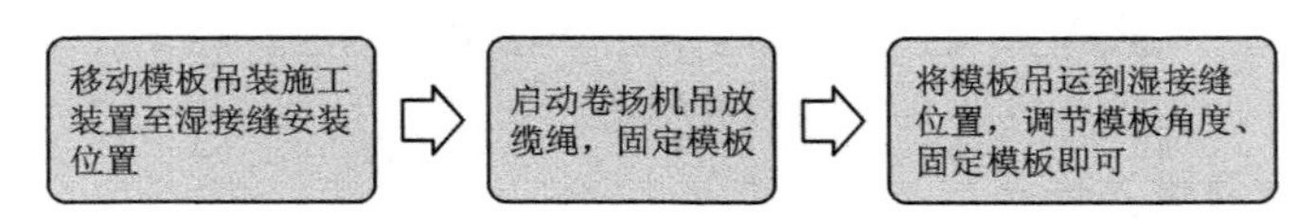

图 1　湿接缝模板吊装施工工艺流程

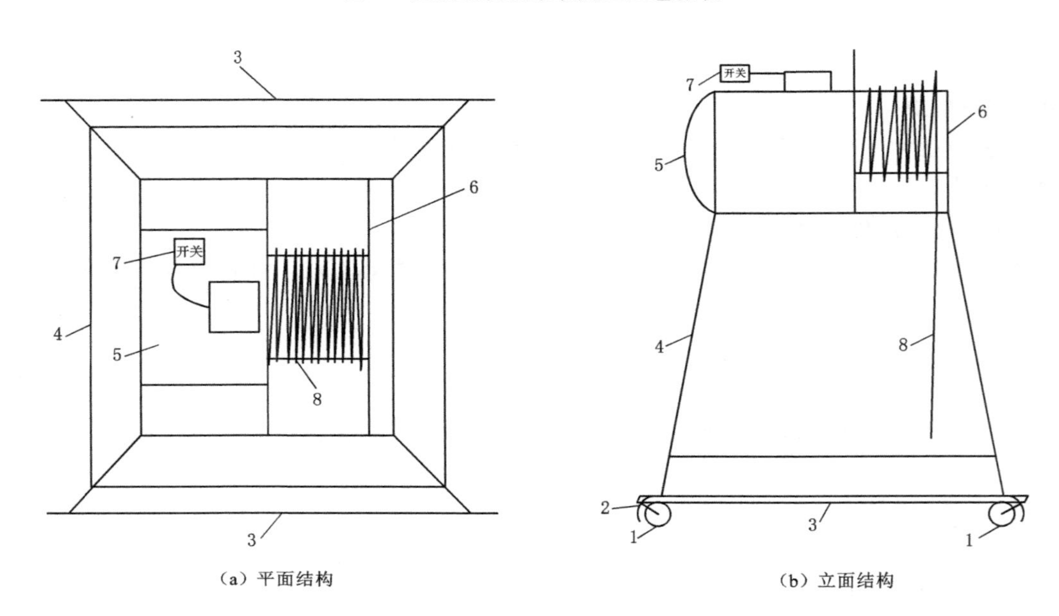

（a）平面结构　　（b）立面结构

图 2　跨河桥梁湿接缝模板吊装施工装置结构

1—侧向滑轮；2—固定装置；3—滑轮支架；4—支撑装置；5—卷扬机；
6—缆绳固定装置；7—启停装置；8—缆绳

5.2　施工步骤

5.2.1　施工前检查

在安排湿接缝施工前，要对梁端预留的钢筋及波纹管进行检查。由于预制梁存放的时间长，预留钢筋多有锈蚀和弯曲，需要除锈调直，还要特别注意对波纹管进行清孔。检查支座的质量、高程是否符合设计要求，四角不允许有脱空现象。

5.2.2　钢筋焊接

钢筋焊接前，要将钢筋调整到正确的位置。钢筋单面搭接焊，必须严格控制焊缝长度，焊缝应饱满，无漏焊、欠焊、咬边现象，焊接完成后将焊渣清理干净。

5.2.3　模板吊装

湿接缝钢筋焊接完成后，可进行模板安装，通常为一跨湿接缝全部焊接完成开始吊装模板，模板吊装过程中，先移动侧向滑动装置沿桥侧方向至湿接缝模板需安装位置，固定好侧向滑动装置，由操作手启动卷扬机将缆绳下放，下方由工人固定好模板，启动卷扬机，将模板由卷扬机吊运至模板湿接缝安装位置，由桥梁上方工人调节模板角度，固定好模板后即可松开侧向滑动装置，移动模板安装装置至下一模板安装位置。

5.2.4　湿接缝混凝土浇筑

混凝土标号为 C50，坍落度为 10～12cm。浇筑时使用插入式振动器，移动间距不超过振动器作用半径的1.5倍，每一处振动完毕后应边振动边徐徐提出振动棒，避免碰撞模板、钢筋及其他预埋件。

5.2.5 混凝土养护

混凝土终凝后洒水养护，使混凝土表面保持湿润，养护期不少于7d，阳光强烈时用麻布覆盖，以防日光暴晒后产生干缩裂缝。

5.3 操作要点

(1) 侧向滑动装置应经常检查，定期保养并加注润滑油。

(2) 施工中如滑动装置发现卡顿现象，应立即停止施工，待检查完毕，确认无误后方可进行模板吊装施工。

(3) 卷扬机配电严格按照“三级配电两级保护”“一机、一闸、一漏、一箱”原则进行。设备与照明分闸，实行经常检查、检修制度。配电箱要上锁，凡电气操作及施工均由专职电工作业。

(4) 原则上禁止夜间模板施工，如需在夜间施工，要确保足够的照明；桥下施工作业时，严禁随船休息，以防发生落水事故；配备救生圈，以保证人员落水时得到施救。

(5) 在施工过程中，随时注意模板安装情况，实时监控，当发现模板吊放不稳时，必须立即停止施工，检查缆绳及模板起吊点是否稳固，待检查完毕后方可继续施工。

6 总结

跨河桥梁湿接缝模板吊装施工装置和传统人工施工工艺相比，基本实现了过程半自动化，大大提高了施工效率，安装效果显著提高。同时，跨河桥梁湿接缝模板吊装施工工效相较于人工吊放安装提高4倍以上，人工费消耗降低60%，显著降低了施工成本。

该工艺所用的模板吊装施工装置设备安装、维修简单，易于操作，不仅大大提高了劳动生产率，而且相较于人工施工减少了工人连续吊放模板的时间，降低了人为因素的风险和安全施工的危险，对提高湿接缝模板安装质量及施工效率具有明显效果，使湿接缝模板安装整体施工水平得到很大提升。采用新工艺、新技术，时刻把握控制质量，保障了湿接缝模板安装的施工质量，提高了施工效率，经济效益和社会效益收获较大，为后期同类项目施工积累了宝贵的经验。

浅谈城市给水加压泵站建设的质量控制

赵本建　窦文涛　安永帅

【摘　要】近些年，我国国民经济稳定发展，大量的农村人口进城务工，扩大了城市的面积，面对城市巨大的供水需求，须将工作重心集中在给水工程的质量控制上。在此背景之下，本书以水利泵站建设质量控制为研究主体，在施工、设备安装质量控制等方面提出完善建议，供相关部门参考。

【关键词】城市给水　加压泵站　质量控制

1　引言

在给水工程建设中，给水加压项目的质量会受到给水加压泵站质量控制好坏的影响。对此，相关部门要探究出加压给水泵站建设的特征，探寻出给水加压泵站有效建设的方法，并加强质量控制力度。本文将研究视角集中在城市给水加压泵站建设质量控制上，以供借鉴。

2　项目介绍

本文以肥西县界河丰乐河北部布置的加压泵站为研究主体，分析城市给水加压泵站建设情况。该工程共选择了四台离心泵，配套了四台异步电机，在调节水池出水侧设置了泵站主厂房。主厂房四台机组单列布置，主厂房的左端为副厂房，副厂房内设中压变频器、低压配电室、主电气室等，分析该给水加压泵站运行特征，即运行噪声较低、具备较高的运行安全系数、可以实现自动维护和管理、占据的用地面积较小。

3　城市给水加压泵站建设质量控制分析

3.1　施工阶段的质量控制对策

（1）做好基坑降排水质量控制。在初期排水阶段，要用潜水泵抽排降水，随着基坑的下挖，布置积水井，也可以于基坑外围设置截水沟，参照降雨量以及渗流量，在基坑中留出一定数量的水泵。另外，可以在基坑周边布置排水明沟，在基坑的四角开挖集水井，在井中添加潜水泵，实施经常性排水作业。与此同时，在开挖基坑的过程中，要严格按照施工图纸，针对泵房和水池做好定位放线，如清水池具备较大的面积，要针对开挖边坡实施有效的支护对策，以此提高边坡的稳定性。

（2）在施工期间，要参照国家标准选择合规的混凝土所用水泥，对照施工设计需求选择适宜的品种，经多次试验选定外加剂和混凝土的配合比。在施工期间，所用的水泥要保障混凝土的强度，施工人员也要将水化热影响以及材料品质和性能等因素考虑进去。在施工之前，要完善专项技术方案，为保障混凝土施工质量，要实施防裂缝和温度控制等举措，在混凝土浇筑结束之后第一时间予以遮盖并做养护，保证混凝土在浇捣后两周内都保持湿润的状态。为避免混凝土出现干裂渗水，施工人员在墩墙外壁回填土之前，不得将养护措施撤除。要加强对混凝土的养护和管理力度，避免混凝土受冻。

（3）在钢筋工程施工过程中，要按照施工标准和规定进行焊接试验，在放置钢筋时要垫高底部，并对钢筋分堆放置。在施工期间，如遇到孔洞，要尽可能绕过，以此减少钢筋的裁剪。

（4）做好施工填土质量控制，尽量选择重粉质的壤土作为基坑回填的土料。在回填之前，要及时清除基坑杂物和积水，要参照现场进行多次的碾压试验确定铺土的厚度、铺土的方式、碾压的次数等。现场要实施防雨措施，雨前要及时压实松土，雨后对土质进行检查，合格之后方可进入下一步工序。针对建筑物周边距离 1m 的土方回填，要用小机具夯实，也可以用双向套打和连环套打的方法人工回填。为避免晒干土料，要连续进行土料铺料和压实工序，针对已经风干的土层，可以对其洒水进行湿润处理。

3.2　给水加压泵站设备质量控制对策

（1）做好设备安装初期的质量控制。施工人员要了解安装设计图，了解制图理念，结合施工现状，探寻出合理的安装方法，设备的安装流程为：对基础平面的位置和高程进行复核检查，对水泵地角螺栓孔及时进行清理，水泵就位后，浇筑二期混凝土，安装相应的水泵联轴器。施工人员在施工之前要参照相应的施工标准和质量规定，了解施工的关键内容，在安装排水泵中要注意：保障设备安装位置的稳定，对变压器和机电控制等参数及时进行检测，针对机组安装轴线和泵轴填料进行密封检查，为后续设备的安装奠定坚实基础。

（2）做好设备安装期间的质量控制。主要包括以下几个方面：

1）施工起吊设备安装。正式施工之前，施工人员要将关注重心放在起吊设备的安装上。起吊设备轨道是安装的重心，为保障轨道平稳运作，要做好轨道梁设置，同时计算螺栓口的尺寸，参照以上原则，对照安装图纸和施工标准，有效地设计轨道。安装轨道结束后，要将安装基准线与现实折叠保持在±5mm 偏差内。在进行轨道螺栓安装时，同时进行检查和固定作业，保障扭矩力大小基本相等。安装完毕之后，要对轨道做全面检查，分析安装是否符合标准。安装电动单梁桥起重机时，要对其外部大小反复检测，控制两个对角线的差，使之保持在 10mm 以内，如起重机已变形，并无法及时处理，要第一时间联系监理部门解决问题。保证钢丝绳外部良好，避免出现压扁弯曲等问题是安装起吊设备最核心的一点，要保证制动器可自如开关。在行车制动过程中，安装相应的起吊设备之后，要由监理部门验收，分析起吊设备是否达到标准和规定，确定合规之后可投入运行。

2）连接和安装闸阀、水管道时，要注意管道和泵本身出入口的位置，安装人员不可强力安装，也不得使用法兰螺栓等外力工具。为避免进入空气，要保证橡胶垫枕平整，为分散泵体压力，可以增设支架于主水泵和闸阀管道之上。为提高闸阀轴的灵活性，可以在安装管道结束之后对其进行防腐加工，在泵站试运行期间，应加强水泵设备运转声音、设备密封性、轴承温度、控制电流等的监测，要控制轴承温度，保持在70℃以下，控制电流使其处于额定范围。

3）高低压供电设备安装。完成标准土建工程后，安装人员要参照工程图纸，计算设备数量和孔洞大小，进行钢槽焊接工作。安装高低压盘柜时，要控制陈列盘面差，使之低于5mm，柜面接缝间距低于2mm。检查接线端子板数量，保证盘面仪表完整。试车之前，要控制供电设备电阻值，使其低于4Ω，以免线路松动过热。对照技术指标和规范内容，设置变压器参数，以此发挥“五防”连锁作用。要规范性地设置配电间隔保护网罩。及时清理现场，将高压系统验收工作交由供电部门去完成。工作人员要及时整理施工文件数据和资料，填写相应的质检单，交由监理部门检查和验收。

4）主电机和主水泵安装。对地角螺栓孔进行清理，参照安装规范流程，保证主水泵中心线和设备中心线之间的误差处于合理范围。控制地脚螺栓出入方位的直线度误差，使之保持在±20mm内，同时对照说明书解体水泵并进行检查，对叶轮面质量进行检查，然后检查轴承润滑度，最后判定双吸密封环是否完好。有关人员也可以使用相关仪器，如框式水平仪，选择分箱加工面作为泵体安装的水平面，保证其横竖水平度低于1‰。为保证混凝土泵体和垫铁接触牢固，在地脚螺栓浇筑期间使用垫铁，并在拧紧地脚螺栓后使用框式水平仪，使所有螺栓扭矩力保持一致。安装好主水泵过后，安装主电机，以主水泵为基线，参照两轴径相位移0.05mm，以倾斜度2‰的标准，及时更换垫铁的厚度。可利用塞尺对联轴器各个方位反复测量，控制联轴器平面周距，最值差低于0.3mm。完成上述安装作业之后，进行地脚螺栓的浇筑作业。

3.3 在安全施工管理上提升质量控制

（1）落实安全文明施工的基础即树立安全文明施工管理的意识。建议施工企业提升项目管理人员的招收门槛，加强人员专业素养的考核。同时，定期对施工队伍进行培训，着重培养施工队伍的安全文明施工意识。在施工现场开展安全保护措施培训，为调动施工人员的主动性和积极性，施工企业要完善奖惩机制。同时，高效落实安全文明生产责任制度。施工企业要参照国家发布的安全生产责任制度，以此为基础，结合泵站项目，灵活调整安全生产责任制，制订顺应施工企业发展趋势的文明生产机制；分解制度，并向具体的个人落实责任制度，管理人员梳理施工人员的义务和责任，在施工的各个环节全面落实安全文明生产责任制度。

（2）做好建筑设备故障安全管理工作。加压泵站施工项目作业量较大，很多设备长久运行容易出现故障。所以，施工企业要制订故障解决对策。在新时期，可引进信息技术，发挥智能故障修复技术的作用，对建筑设备运作情况作出全方位的监控，及时发现异常问题并予以解决。同时，要完善维修规划，可以采取以下模式：①周期规划维修模式，在此模式下，维修人员可以参照工程情况，对建筑设备进行局部或全面检查，了解其内部结构和功能，按照月检、半年检以及年检的方式，维修和替换其中的零部件；②实时设备维修模式，即在建筑设备发生故障后及时维修，降低维修和修复的时间与成本，保证建筑设备可在较短时间内重新投放并正常工作是此种模式的目的；③故障分析改进模式，即对故障原因进行排查，分析存在的故障隐患，对检修程序和方法作出改进，参照故障维修进程对长时间运作的零件和建筑设备进行替换，提升维修效率是此种模式的目的；④后勤综合支持模式，即为施工企业建筑设备维修工作提供财务和资金扶持，保证建筑设备备用量充足是此种模式的目的。维修人员可以结合建筑设备运转的实际情况，选择适合的故障维修模式，提升建筑设备运作的安全性。

（3）提升施工人员的专业素养，革新施工人员传统的施工意识。对于泵站施工项目来说，提升施工人员的职业素质和专业技能至关重要，据调查，很多施工人员未能全面掌握工程技能，在工程施工中屡屡发生安全事故，威胁了人身安全，也影响了质量管理的力度。鉴于此，施工企业可以定期培训施工人员，让他们牢记安全施工的意义，提升施工队伍的专业技能。

4 结论

在城市供水机制中，城市给水加压泵站是不可或缺的构成部分。本文以具体项目为例，探究了给水加压泵站在施工和设备安装等方面的质量控制对策，并基于安全施工等角度提出了泵站建设的有效举措。施工人员要革新施工意识，结合项目发展情况，运用适合的施工技术；管理层要加强安全施工重要性的认识，引导施工人员规范施工行为，在提升给水加压泵站建设质量的同时，促进给水工程建设发展。

参考文献

[1] 王书博．沈阳市沈河区老旧小区供水管网与加压泵站改造方案研究［D］．哈尔滨：哈尔滨工业大学，2021.

[2] 张佳正．隋毅．水利供水工程中大口径 PCCP 管道的安装施工要点分析［J］．四川水泥，2023（5）：52－54.

[3] 杨永镇．水利供水工程中大口径 PCCP 管道施工技术［J］．中国新技术新产品，2022（8）：132－134.

[4] 张芳芝．水利工程中 PCCP 管道安装工程施工与质量控制［J］．运输经理世界，2021（19）：151－153.

浅谈大口径 JPCCP 长距离顶进技术在施工中的应用

马　钊　代戈弋　闻遨伟

【摘　要】 本文结合巢湖市长江供水工程 2 标长 672m 管径为 2000mm 的 JPCCP 顶进施工案例，从地质勘探、机头选用、减阻措施、顶力计算及施工过程控制等方面综合分析研究长距离 JPCCP 顶管施工技术要点，对其他地质情况下的顶管施工具有重要的指导意义。

【关键词】 大口径　JPCCP 顶管　顶管计算　泥水平衡

1　引言

随着泥水平衡顶管施工技术的日益成熟，其目前已普遍应用于市政和水利工程。作为一种非开挖地下管道铺设施工技术，顶进施工法在成本、安全性及施工周期等方面有着明显的优势。然而随着顶进距离的增加，顶管施工的难度和风险也越大，顶力计算和中继间的数量更是长距离能否顺利顶进的重点，尤其是大口径 JPCCP 的长距离顶管施工，顶进长度越长，保证在管道最大受力范围内顺利安全地顶进的难度也就越大。

2　工程概况

2020 年的巢湖市长江供水工程，采用岸边固定泵站自长江干流取水，供给含山县和巢湖市，输水路线总长度约为 77.8 km，工程顶管段最长为 672m，采用壁厚 200mm、管径 2000mm 的 JPCCP 管道，标准节长为 3m，最大承受压力约为 6537kN。结合地勘报告，此段顶管穿越的土层为重粉质壤土（呈棕黄色，硬可塑、湿），平均埋深为 9.3m，采用 JPCCP 顶管进行施工。

3　顶管施工

3.1　顶管机选择

根据地勘报告，采用 NPD2000 型泥水平衡顶管机，机身直径为 2440 mm，主顶进系统为 6 只 2000 kN 双冲程等推力油缸，行程为 3000mm，总推力为 12000kN。

3.2 顶力计算

3.2.1 管道总顶力计算

管道总顶力计算方法为

$$F_0=\pi D_1 L f_k+N_F \tag{1}$$

式中 F_0——总顶力标准值，kN；

D_1——管道外径，m；

L——管道设计顶进长度，m；

f_k——管道外壁与土的平均摩阻力，kN/m²；

N_F——顶管机的迎面阻力，kN。

因形成了稳定的泥浆套，f_k 取 3kN/m²，由公式（1）可得此段顶管总顶力 $F_0=3.14\times2.4\times672\times3+634.424=15827$（kN）。

3.2.2 顶管机迎面阻力计算

顶管机迎面阻力计算方法为

$$N_F=\frac{\pi}{4}D_g^2\gamma_s H_S \tag{2}$$

式中 D_g——顶管机外径，m；

γ_s——土的重度，kN/m³；

H_S——覆盖层厚度，m。

由公式（2）可得此段顶管迎面阻力 $N_F=3.14\times2.42\times2.42\times20\times(9.3-2.4)\div4\approx634.424$（kN）。

工作井主顶的千斤顶顶推能力（工作效率取 0.7）$T_z=0.7\times6\times2000=8400$（kN）。

3.3 机头顶进

确认后背墙、轨道、洞口中心在同一轴线上，以确保顶进方向正确；将顶管机吊装完成后，再进行电路、油路、注浆系统的调试；顶进前，先人工将洞口土开挖约 30cm，随即机头入洞顶进。

3.4 管道安装

待机身全部进入坑洞后，开始管道安装。首先将管道承插口清理干净，涂上植物油润滑，随即安装橡胶圈、木垫圈，开展管道顶进工作，同时每节标准管安装一组（3 根）注浆管；将提前拌制好的膨润土泥浆注入到管道外壁空隙中，形成稳定的泥浆套，在稳定周围土体的同时减小摩阻力；注浆完成后拔掉注浆管并封闭注浆孔，阻力变大时可补浆。每节管道顶进后承插口都需进行第一次气密性试验，每安装三节需对前两节进行第二次气密性试验，全部顶进后，整体进行第三次气密性试验。检测管道接口是否合格，若不合格及时处理。

3.5 中继间设置

此次顶管定制的单个中继间由 14 个顶分为 500kN 的千斤顶组成，理论总顶力为 7000kN，因形成了稳定的泥浆套，f_k 取 3kN/m²。

3.5.1 中继间的数量计算

$$n=\frac{\pi D_1 f_k(L+50)}{0.7f_0} \tag{3}$$

式中　n——中继间数量，取整数；

f_0——中继间审核及允许顶力，kN；

f_k——管道外壁与土的平均摩阻力，kN/m^2。

由公式（3）可得中继间设置数量 $n=3.14\times2.4\times3\times(672+50)\div(0.7\times7000)-1\approx$ 3（个）。

3.5.2　中继间设置位置计算

因管道最大受压为6537kN，第一节中继间按规范要求须富余40%顶力，标准节中继间按规范要求须富余30%顶力，此次定制的中继间的总顶力为7000kN（由14个50t千斤顶组成）。

第一节中继间的安装位置，计算方法由公式（1）变式为

$$L=\frac{P_0-N_F}{\pi D_1 f_k} \tag{4}$$

式中　P_0——千斤顶实际总顶力，kN；

N_F——迎面阻力，kN；

D_1——管道外径，m；

f_k——管道外壁与土的平均摩阻力，kN/m^2。

故 $L_1=(7000\times0.6-634.42)\div(3.14\times2.4\times3)\approx157$（m），取156m；第一节中继间实际所需的顶推力 $P_1=3.14\times2.4\times3\times156+634.42\approx4161$（kN）。

同理，标准节中继间的安装位置，根据公式（4）可知：$L_2=L_3=(7000\times0.7)\div(3.14\times2.4\times3)\approx216$（m）；标准节中继间实际所需的顶推力 $P_2=P_3=3.14\times2.4\times3\times216\approx4883$（kN）；最后剩余段共计84m，实际所需的顶推力 $P_4=3.14\times2.4\times3\times84\approx1899$（kN）。

后座墙土体允许施加的顶进力可按公式（5）计算为

$$F=\frac{K_p\gamma H_1 BH}{\eta} \tag{5}$$

式中　K_p——被动土压力系数，砂土可取3；

γ——土的重度，kN/m^3；

H_1——顶进坑地面至坑底的深度，m；

B——后背墙宽度，m；

H——后背墙高度，m；

η——土抗力安全系数，可取2。

由公式（5）可得 $F=3\times20\times9.74\times5\times5\div2=7305$（kN）；故工作井所需顶力 $P=\max\{P_1,P_{标准},P_3\}=\max\{4161,4883,1899\}=4883$（kN），$4883kN<6537kN<7305kN$。

3.5.3　中继间安装和工作

根据现场采用的JPCCP管道尺寸定制中继间，故中继间与JPCCP管道承插口尺寸一致，均采用双橡胶圈进行密封处理，顶进时需按照中继间安装的先后顺序逐个顶推，确保管道受力合理。

3.6 泥浆置换

顶管完成后，立即对管道外壁进行水泥浆置换加固，每两节标准管编为一组，分为注浆孔与排浆孔。将注浆泵清洗干净，吸浆龙头放入灰浆池内，开启注浆泵，打开第一组注浆孔，当第一组排浆孔冒出灰浆后，关闭阀门，再打开第二组，使用水泥浆将原注入的膨润土浆置换掉。灌浆材料为普通硅酸盐水泥，强度等级为P·O 42.5以上，通过管道内部的压浆孔压注，注浆次数不少于三次，两次间隔时间不大于24h。以此类推，直到全线完成。

3.7 内缝封堵

泥浆置换完成并经气密性检测合格后，采用按一定比例调配的双组分聚硫密封膏封堵内缝，内缝风干至少48h，再进行管道清洗。

4 顶管施工技术要点

4.1 顶进纠偏

该工程顶管均为直线顶管，在操作井内能与机头直接通视。顶管机上配备激光导向系统，以指导顶管机顶进，顶管内接收激光束的光靶传感器和数据处理系统组成了顶进姿态测量控制系统，用来测量以激光导向点为参照的顶管机内的测量板的垂直和水平位移、激光入射水平角及顶管机仰角与滚动角。操作人员利用远距离摄像监控及微机系统对测量数据进行处理并将处理结果反映出来的顶管机位置偏差显示在操作室屏幕上，指导操作人员对顶管机进行修正纠偏作业。同时，采用全站仪对顶管轴线进行轴线复核。

4.2 地面沉降或隆起

顶管机在顶进过程中，顶管机土仓内的压力 P 小于顶管机所处土层的主动土压力 P_a 时，地面就会出现沉降；当 P 大于顶管机所处土层的被动土压力 P_b 时，地面就会出现隆起。为防止地表沉降和隆起，土仓压力 P 必须控制为：$P_a<P<P_b$。理论值确定后，根据实际顶管过程的顶速、出土量（出土量应略少于掘削量，使机头前部收到一定的挤压，防止机头上部土体塌陷）地表监测数据随时调整，同时在顶进过程中，在顶管沿线合理布置地面沉降监控点，管道顶进过程中保证每天进行3次监测，确保周边管线及土体稳定。

4.3 中继间接口处理

顶管完成后，将中继间千斤顶等可拆除构件取出，中继间钢筒部分（作为永久结构）用环形钢板将凹陷处焊接封堵，内防腐采用双层防腐涂料，底漆采用厚度为200μm的IPN8710－G1型环氧树脂改性漆，面漆采用厚度200μm的IPN8710－G3型橡胶树脂改性漆。

4.4 顶进摩阻力分析

统计现场顶进实际数据，分析顶进累计长度与摩阻力系数关系（表1）。

表1　　摩阻力系数变化统计表

顶进累计长度/m	18	36	63	75	90	111	123	147	157	199	247	265	320
摩阻力系数/(kN/m^2)	0.62	5.67	3.19	2.03	1.87	1.58	1.61	2.49	2.43	2.32	2.35	2.17	2.07

根据表1及现场实际顶进情况分析得知：开始时未形成稳定泥浆套，导致摩阻力迅速增大，过程中若顶进速度过快，补浆速度不及时也会导致摩阻力增大；现场控制顶进速度，补充膨润土泥浆，形成稳定的泥浆套，摩阻力逐渐变小并趋于稳定。据分析，顶进速度平均在1m/h时，泥浆套最稳定，摩阻力系数稳定在2.1kN/m²（图1）。

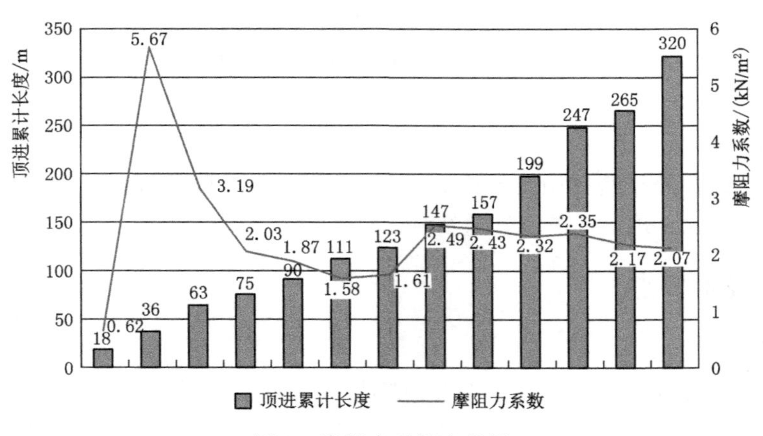

图1　摩阻力系数变化图

4.5　其他注意事项

顶进至最后12m左右时，需将1m/h的顶进速度逐渐减小至0.2～0.4m/h，确保机头出洞时迎面阻力瞬间消失。管道瞬时加速度过大会导致管道接口橡胶圈损坏，气密性差。

顶进完成后，千斤顶停止工作后仍保持顶进姿态，再进行水泥浆置换，防止置换压力过大导致管道接口气密性差。

5　结语

巢湖市长江供水工程2标JPCCP顶管施工，由于较深入细致地考虑了施工中各种荷载和施工环境影响因素，并经多次顶进计算复核，在保证所有管道气密性完好的情况下，安全顺利地完成了顶管工作。

参考文献

[1]　本社．给水排水工程顶管技术规程CECS 246：2008［M］．北京：中国计划出版社，2008.
[2]　中国地质大学．顶管施工技术及验收规范（试行）［M］．北京：人民交通出版社，2007.

浅谈信息化在泵站与水闸项目中的应用

马俊杰　庞世洋　张明明

【摘　要】随着信息化技术的不断发展，其在各个领域里的应用越来越广泛。本文旨在探讨信息化在泵站、水闸项目中的应用，重点关注 BIM（Building Information Modeling，建筑信息模型）技术、智慧工地和物料管理等方面的实践和效果。有关这些信息化技术应用分析，可以提供如何优化泵闸项目管理和提高项目效率的实用建议。

【关键词】信息化　BIM 技术　智慧工地　物料管理

1　引言

泵站与水闸项目作为水利工程领域的重要组成部分，其管理和运行对水资源的合理利用和灾害防控起着至关重要的作用。近年来，我国在水利工程水利基础设施建设方面的投入不断增长，泵闸工程项目数量也呈增加趋势。然而，作为基础设施建设的重要组成部分，传统的泵闸施工项目管理存在效率低下、信息不对称等问题。信息化技术在泵闸项目中的应用能够提供更高效、更可靠的管理手段，为项目的顺利实施提供支持。

2　BIM 技术应用

近年来，BIM 作为工程领域数字化转型升级的核心技术，已经得到越来越多从业人员的认可。随着 BIM 技术的成熟和发展，其将会成为泵站与水闸项目的日常管理工具，其独特的可视化数据可以在泵站与水闸项目施工的各个阶段提供全方位的信息支持。

2.1　建立精细化项目 BIM

在项目实施前，制作项目精细化 BIM（图 1），利用 BIM 技术先将整个项目的建造过程进行预模拟，根据现场实地情况对实施方案进行优化，再开始工程项目建设，从而减少后期返工。

2.2　检查施工图纸问题

施工图会审是施工准备阶段的重要内容之一。传统的施工图会审只能依靠 CAD 软件平面查看，效率低，工作烦琐，不易检查出问题。而利用 BIM 技术将平面图纸转化为三维可视化模式，直观便捷。以 BIM 技术辅助图纸会审，可以检查图纸是否满足施工要求，施工工艺与设计要求是否矛盾，以及各专业之间是否冲突，对于减少施工差错、提高工程质量和保证施工顺利进行都有重要意义。精细化 BIM 的建立过程也是对图纸再次审核的

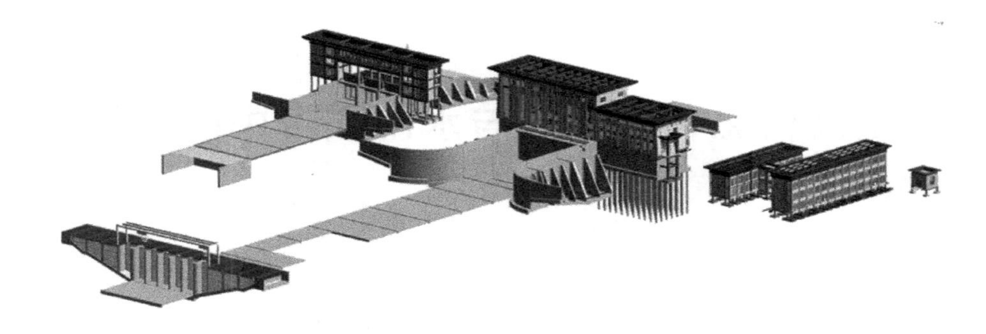

图 1 某泵站建立精细化 BIM

过程，在各专业建模的过程中，不论是土建、机电、建筑等单个专业的图纸问题还是各专业之间的图纸问题，都能在 BIM 建立的过程中发现并提前处理，从而节约时间成本，缩短施工工期，方便参建方沟通，提高效益。

2.3 参建各方协同管理

在泵站与水闸项目的施工过程中，往往会遇到一系列难题，例如用传统方法处理管线、电缆的预埋预留较为吃力，按照图纸安装机电设备与站身结构发生碰撞，施工班组经验不足影响施工进度等。BIM 技术将项目的构筑物实体、作业过程、生产要素数字化，形成基于 BIM 的工程项目数据“大脑”，设计、施工、业主通过数据“大脑”的共享，及时进行方案沟通审批、设计变更、可视化施工交底，可改进项目作业方式和项目管理方式，提升项目各参与方的效率。

3 智慧工地平台应用

泵站、水闸项目一般场地受限位置多，混凝土浇筑量大，人员活动不方便。因此，施工现场的安全、沟通、施工效率及环保水保管理都面临着挑战。智慧工地利用各种传感器、摄像头、无线通信等技术，对施工现场进行实时监控和管理。

3.1 安全管理

智慧工地可以对泵站、水闸施工现场进行全方位实时监控，实时监测施工人员的不规范行为和现场环境，及时发现和预防安全隐患。甚至针对泵站水闸狭小危险的视野盲区，只要安装传感器和摄像头，管理人员都可以通过智慧工地平台进行监测，防止安全事故的发生，从而保障施工安全。

3.2 进度控制

利用智慧工地平台项目进度模块，进行总、月、周三级计划联动，在项目施工过程中，实时采集实际进度，利用智慧工地平台分析进度完成情况，根据分析结果优化后续施工流程，提高施工效率，实现计划动态管理和施工任务过程检查。同时，利用平台自动生成构筑物生长监控视频，直观了解泵站和水闸的结构物完成情况，对未达计划的任务，项目进度负责人及时跟进，保证项目按时完成。

3.3 环保水保管理

智慧工地平台可以实时监控施工噪声、尘土等，减少其对环境的影响。在施工现场安装环境监测设备，平台可以对监测到的过高噪声和大量尘土情况进行警示，现场管理人员收到警示后，及时采取措施减少其对周围环境的影响。泵站、水闸项目的施工往往涉及河流湖泊，利用智慧平台水质监测系统、智能监控与预测技术，可以及时发现水质问题，预测可能出现的洪涝灾害，采取应对措施，保护河流湖泊，保障施工人员安全。

4 物料管理系统应用

泵站与水闸项目中涉及大量的物资采购、运输和使用，物料管理的效率直接影响项目的进度和成本。信息化技术可以应用于物料的在线采购、追踪和库存管理，实现物料供应链的优化和成本的控制。

4.1 精确采购

物料管理系统根据项目需求和库存情况，自动生成精确的采购计划。利用集采系统与供应商对接，获取供应商报价，分析各个供应商的材料价格，推荐最合适的供应商，降低人为错误的概率。

4.2 库存管控

利用全方位视频监控控制物料出入库情况，运用物料管理平台自动采集精准数据，避免手工录入失误。对出入库运输车进行编号称重，每出入库自动计算物料实际净重情况，对不合理车料皮重超标进行示警，物料监测中心设立大屏，实时监测管理，确保材料进出场数据完整、可控。物料管理平台进行日、月、年物资出入库汇总分析，为项目物料管理提供数据支撑。

4.3 成本控制

利用 BIM，落施方案和物料清单，自动生成成本预算。同时结合物料出入库情况，实时监测项目的成本支出，与预算进行对比，找出超支原因并采取措施进行调整。利用数据分析技术，对项目的成本数据进行深入分析，可预测未来的成本支出情况，找出降低成本的策略，提高项目的盈利能力和竞争力。

5 结语

信息化技术在泵站与水闸项目中的应用已经初步取得一定成果，对于提高项目管理水平、降低成本、提高施工效率和推动可持续发展具有重要意义。BIM、智慧工地、物料管理系统等信息化技术为泵闸项目提供了全面支持与解决方案。然而，信息化技术的应用仍然面临一些挑战，需要进一步研究和探索。未来，应该加强标准制定、信息安全保障等方面的工作，促进信息化技术在泵闸项目中的应用，不断提升其效益和可持续发展水平。

参考文献

[1] 任立荣. 大型泵站自动化与信息化管理的衔接 [J]. 写真地理，2020 (5)：1.
[2] 汪晓兵，李昆. 泵站信息管理平台的智能化建设 [J]. 小水电，2019 (5)：53-56.

水利工程闸门预埋件制作及安装质量控制探析

张东鹏　杨　磊　吴鹏飞

【摘　要】 现如今，闸门预埋件已被认为是水利工程的关键环节，其安装和维护对于整个项目的完整性至关重要。对众多实际项目进行深入调查后发现，尽管预埋件安装比较容易，但在施工质量方面具有极其严格的技术标准。鉴于大多数隐藏式工程可能会出现严重的质量问题，以至出现不可挽回的损失，因此，本文深入探讨如何有效地管控和改善水利工程闸门预埋件的安装，确保其最终的可靠性和可操作性。

【关键词】 水利工程　预埋件　制作及安装　质量控制

1　引言

本文依托池州市九华河下游段综合治理工程施工一标，主要功能为控制九华河水位，同时减轻上游河道冲刷，缓解下游河道行洪压力，用途为蓄水、分流、灌溉及拦蓄泥沙等。其中控制闸工程规模为大（2）型，主要建筑物级别为 2 级，由主闸及调节闸组成。主闸为单孔，净宽 50m，采用底轴驱动翻板门，挡水高度为 7.5m；调节闸为单孔，净宽为 10.0m，采用平面钢闸门，最大控制上游水位为 10.8m。

从技术角度分析，闸门预埋件安装技术含量高，属于技术密集型；从施工工序分析，应先进行土建施工再进行金属结构安装施工，两者存在交叉作业。水工建筑物安全与使用取决于两者的施工质量，所以在土建施工控制的基础上，更应该重视金属结构安装。

2　预埋件制作及安装施工过程控制

2.1　预埋件制作

生产前应先审核选定的生产厂家的制造方案和特种作业人员资格证，确定生产机械符合要求后才允许动工生产。厂家材料采购齐全后，由施工管理人员以及监理驻场监造，先查看型钢、钢板、圆钢、焊条、防腐漆等的产品合格证、质保书，取试样检测合格后才能下料生产。

监造过程中主要检查各部件放样、下料尺寸、试拼装、破口切割方式、焊接方法等是否符合设计图纸、制造方案、金属结构生产规范等要求。拼装、焊接完成后先进行热处理，以淬火消除焊接应力，喷砂除锈直至表面净度、亮度满足要求，再进行镀锌防腐层施工，最后涂刷防锈漆。为确保表面粗糙度符合标准，闸门槽预埋件主轨的表面应精细处理，并按照标准的尺寸精确地组合起来。

每道工艺均跟踪厂家质检员进行质量检测并做好生产及检测记录并存档。应遵守相关的质量技术标准进行施工，保证预埋件质量，确保每个部分的尺寸都准确、无接缝；由专业电焊工使用不锈钢焊条来完成焊接作业。按照整体或分段的原则，将预埋件从施工地点运输至指定的地点，保证不会因为运输过程中的磕碰而降低预埋件的品质。

2.2 出厂和到场检测

预埋件制作完成后，应由业主委托第三方检测机构赴厂家进行出厂前的检测。主要检测预埋件尺寸、厚度、锚固连接件、工作面扭曲度及平整度、防腐层厚度等是否满足设计要求，确认合格后在监理的见证下出示检测结果并在物件上标记。预埋件到场后，业主、监理、施工、供货商、第三方检测单位再次验货，主要检查货物数量、运输过程是否碰撞变形、防腐层有无磕碰磨损。有局部损伤的由厂家修复后再联合复检、接收。

2.3 预埋件安装

2.3.1 底坎

安装前应先对土建施工尺寸进行复测，复测无误后对底坎预埋件高程进行测量放样，门槽中心线误差为±5mm，对孔口中心线误差为±5mm，高程误差为±5mm；主要控制埋件位置、坐标、顶面高程等，在埋件安装完毕后，应采取加固措施，例如使用钢筋或调整螺栓，以确保二期混凝土在浇筑过程中不会出现位移，通常情况下，质量误差很小，也不会出现闸门底部渗漏的情况。

2.3.2 主轨、反轨、侧轨

主轨对门槽中心线允许偏差范围为－1～2mm，反轨对门槽中心线安装允许偏差范围为－1～3mm；安装反轨时，其与门槽中心线的允许偏差范围为－1～3mm；侧轨埋件的安装相当复杂，其质量要求也很高，其与门槽中心线的偏差应为±5mm。具体步骤为：闸门槽混凝土浇筑→拆模→混凝土凿除→剥离出墙体钢筋→埋件吊装就位→埋件锚筋与墙体钢筋连接固定→模板安装加固→浇筑二期混凝土→拆模、养生→检查埋件安装质量。不过，该方案工艺繁杂、效率低、工期长、成本高，还容易破坏闸门槽部位混凝土的整体性。

随着施工技术水平的提高，一次安装到位技术得到较为广泛的应用。主要步骤为：埋件测量、放样、定位→闸室墩墙钢筋和模板安装、加固、闸门槽部位空出→埋件吊装就位、固定闸门槽模板安装、加固→闸室墩墙混凝土浇筑→拆模→检查埋件安装质量。该施工方案的关键点为埋件的定位和固定。利用闸室底板门槽放样测距、定点进行定位，测量埋件立面垂直度及中部、顶部间距校核位置偏差，实现精确纠偏调整到位。固定分外部加固和内部支撑，外部主要为闸室墩墙及闸门槽模板体系，牢固无倾斜、变形、摆动；内部主要为埋件锚固筋，焊接于墙体钢筋网两侧，埋件之间用型钢支撑，牢固并紧贴闸门槽模板。模板安装完成后，再次进行位置校核并测量埋件顶部坐标，以便在进行混凝土浇筑时观测和控制埋件位置。该工艺方案具有施工效率高、成本低、工序简单等优点。

2.3.3 门楣

门楣位于胸墙底部，由于胸墙断面尺寸较小，一般为直接预埋，以一次浇筑成型的方式施工。测量好位置后将埋件锚固筋固定于胸墙钢筋网上，然后安装、加固底托模板，与门槽中心线安装允许偏差范围为－1～2mm 内。

2.3.4 活动门槽安装

在水闸上部结构排架完成后再进行活动门槽安装，主要用预留丝孔螺杆固定或者用膨胀螺丝固定。活动门槽主要在闸门出主槽后起导向作用，精度要求低，安装、拆卸便捷。

2.4 施工质量检查

安装水闸闸门预埋件时，需要采取正确的施工方法，并实时监测金属预埋件焊接时的变形情况，以便出现问题时及时处理。为了保持准确度，须对所使用的设备进行严格的审核。每安装 1m 进行一次测量。埋件安装后，应尽快完成二期混凝土施工。若不能按计划进行施工，应制定补救措施并邀请专业的技术人员到场检查，确保安装设备能够满足质量技术标准。检查的同时要做好测量记录、测量数据和施工过程及发生问题处理情况等，及时发现问题才能找到原因，为后序处理提供有利依据。施工过程中出现偏位较大的情况，应立即停止施工，找出原因后将预埋件进行复位，经监理确认后方可进行二期混凝土浇筑。

为保证二期混凝土的施工质量和截面尺寸，浇筑时，应将模板加工成 1m 左右的长条，并在每隔 1m 的位置留出一块方木来固定。在模板拼接处，应用方木加固，以防漏浆。此外，两侧的模板也应使用钢管加顶丝加固，避免出现变形和跑模等问题。

2.5 二期混凝土施工

2.5.1 模板安装

二期混凝土浇筑的模板应加工成 1m 左右一节的长条，每隔 1m 左右留一块方木固定，模板拼缝处用方木加固以防漏浆，两侧模板应用钢管加顶丝加固，否则容易引起变形、跑模等，影响混凝土质量及截面尺寸等。

2.5.2 混凝土浇筑

二期混凝土浇筑前，槽、底坎内必须冲洗干净，与土建工程混凝土的接触面需提前凿毛，凿毛深度应大于 1cm，模板可随混凝土的升高逐段安装，也可一次安装好，隔断留窗；门槽、地坎、门楣混凝土应一次浇筑成型，不可分次浇筑，防止影响二期混凝土整体性；浇筑前应先将混凝土先卸在卸料平台上，用铁锹送入模板内，每层厚度为 40～50cm，建议保持 5～7cm 的坍落度，使用补偿收缩的混合材料。在施工过程中，应特别注意浇筑的厚度，谨慎振捣预埋件部位。在混凝土初凝后，及时洒水并进行覆盖养护，养护期至少为 14d。

2.6 浇筑中预埋件保护

（1）闸门槽埋件安装完成后，即进入混凝土浇筑工序，施工过程中要重点保护预埋件安全，防止碰撞、变形和位移。

（2）模板支撑体系应检查、巡视，及时加固，防止跑模、炸模导致外部支撑变化而带动埋件位移。

（3）混凝土振捣应避免振捣器接触预埋件和闸门槽模板，引起内部支撑松弛，防止混凝土浆进入预埋件与模板之间而产生间隙。

（4）混凝土施工过程中，应对预埋件位置进行观测，及时纠偏、调整。

3 安装后质量检测

拆模后检测闸门预埋件的安装质量，位置、间距、立面垂直度等是否满足设计和规范要求，如偏差超过允许范围，可利用调整闸门门体的橡胶止水，使闸门边框与预埋件紧密贴合。对于埋件表面的混凝土杂物，要清理干净，防腐层有碰损的要加以修复。埋件安装工序检测合格后才能进行闸门安装。

4 施工中常见的问题及预防措施

4.1 常见问题

（1）插筋数量和位置不当，导致预埋件无法有效加固、安装。

（2）混凝土内插筋和预埋件锚筋连接、焊接长度、焊接方式不符合规范，易出现预埋件变形和偏移的情况。

（3）预埋件安装后与二期混凝土浇筑时间间隔长，受预埋件自重、焊接应力等外界条件影响，容易出现变形。

（4）二期混凝土浇筑速度过快，易产生混凝土侧向压力。

（5）二期混凝土的收缩存在影响。

4.2 预防措施

（1）在施工过程中，将锚固点固定在最外层混凝土结构的主筋内侧，仔细计算和确认预留的插筋位置，确保与后期安装的预埋件的位置保持一致。

（2）预埋件应按照标识和分类堆放，安装之前对其进行精确的整平、调直和防腐刷漆。

（3）预埋件的锚筋与一期混凝土插筋牢固焊接，焊接长度应符合要求，焊缝饱满，焊渣敲除。

（4）预埋件安装好，确认无误后应尽快验收，二期混凝土应在安装完成72h内浇筑，避免受自重、焊接应力等外界条件影响而产生变形。

（5）二期混凝土浇筑应严格控制混凝土上升速度和浇筑高度。

（6）二期混凝土应采用补偿收缩性混凝土，标号应比一期混凝土提高一级。

（7）运送预埋件时，比较随意地抛掷扔，易造成锚筋破坏和预埋件变形。

（8）完成预埋件安装后，应进行防腐施工，避免混凝土表面污染。

5 总结

本文对水利工程中闸门预埋件的制作及安装质量进行了分析，得出在水利工程施工中，预埋件的制作及安装质量对后期的使用和安全至关重要，直接影响到整个项目的效果；针对不同项目的闸门预埋件，应制订有针对性的质量控制措施，施工过程中严格按照制定的质量控制措施加以控制；积极推进科学的管理方法、手段，严格实行“三检制”，掌握质量管理程序文件，提高质量意识，确保预期目标得以实现。

参考文献

[1] 时梅．水闸工程施工的质量管理与控制研究［J］．工程建设与设计，2018（15）：223－224，227.

[2] 鲁文华．莲山水闸关键施工技术研究［J］．小水电，2021（6）：75－77.

水闸泵站在水利工程和生态环境治理中的应用

李　敬　杜方青　刘义光

【摘　要】水闸泵站工程包括水闸、泵站及其附属配套工程，是水利工程、生态环境治理基础设施中的重要组成部分，它在调节和分配水资源、灌溉、防洪排涝、改善农田作物耕育环境、改良农田水系及生态环境治理等方面发挥着重要作用。本文介绍了水闸泵站工程的概念及分类，探讨了其在水利工程建设、生态水系及生态环境治理中的应用。

【关键词】水闸泵站工程　水利工程　生态水系　生态环境治理　应用

1　引言

水闸泵站工程广泛应用于引江济淮工程、引江济巢工程、南水北调工程、华阳河蓄滞洪区建设工程、淮河流域重要行蓄洪区建设工程及巢湖“碧水、安澜、富民”三大工程等国家级或省级重大水利工程项目，是国家长江经济带绿色发展的重要基础设施，服务于水利工程建设、水环境和生态综合治理工程、高标准农田建设等诸多方面，在江淮流域水利设施建设和水系治理、巢湖生态清淤、环巢湖流域水环境综合治理和城镇污水管网治理、河渠疏浚、湿地治理及矿山生态修复等工程领域发挥着重要作用。它结合了生态文明绿色发展理念，有利于促进水利工程建设和生态保护、高标准农田建设和水系改善、河湖湿地保护及生态环境治理协同发展，有利于助力乡村振兴及绿色经济发展，产生了良好的社会效益、环境效益和经济效益。

2　概念及分类

水闸是一种利用闸门挡水和控制泄水的低水头水工建筑物，多建于河道、渠系及水库、湖泊岸边、农田沟渠水系、坑塘群及湿地水系等。水闸主要包括上游连接段、闸室和下游连接段三部分。按水闸承担的任务功能分类，水闸主要包括节制闸（又称“拦河闸”）、进水闸（又称“取水闸”或“渠首闸”）、分洪闸、排水闸、挡潮闸、冲沙闸（又称“排沙闸”）、排冰闸及排污闸等。

泵站工程主要是由泵房、进出水建筑物等组成，多建于河流、湖泊、水库、渠道、感潮河段等区域。泵房是安装水泵、动力机、辅助设备、电气设备的建筑物，是泵站工程中的主体工程，泵站的进出水建筑物主要包括进水建筑物和出水建筑物。进水建筑物一般有前池、进水池等，对于从河流取水的泵站而言，除泵房直接从水源中取水外，进水建筑物还应包括取水头部、引水管（涵）或引水渠、集水井等。出水建筑物则一般包括出水池、压力水箱或者出水管路等。另外，为了保证泵站的正常运行，进水侧还设置有拦污栅、清污机和检修闸门等，出水侧还设置有拍门、快速闸门、蝴蝶阀或者真空破坏阀等断流设备。根据泵站担负的任务和功能的不同，泵站枢纽布置一般有灌溉泵站、排水泵站、排灌结合站等几种典型的布置形式。

农田水利工程一般分为灌溉和排水两种，是以农业增产为目标的水利工程，即通过兴建和运用各种水利工程措施，调节、改善农田水分状况和地区水利条件，提高抵御天灾的能力，促进生态环境的良性循环，使之有利于农作物生产。水闸泵站工程用于生产性水利用以及水文控制，用于分配水资源及保持水位，用于提水灌溉，用于排水防洪及排涝，通过对水体进行管理、调节与利用，缓解水资源短缺影响，服务于农田水利和生态治理，改善农作物生长环境。

3　工程应用

3.1　水闸枢纽布置

水闸枢纽布置应根据闸址地形、地质、水流等条件，以及各建筑物功能、特点、施工、运用要求等确定，做到紧凑合理、协调美观，组成整体效益最大的有机联合体。

例如“三达标一美丽”水利建设工程（安徽省肥西县、长丰县和庐江县）、高标准农田建设工程（安徽省明光市桥头镇、霍邱县新店镇和临水镇）、国家级巢湖生态文明先行示范区水环境综合治理工程（安徽省庐江县金同联圩、杨柳圩与团结圩等）、安庆市凤凰河水环境综合治理带工程、肥东县沙河生态修复工程、安徽省淮河流域重要行蓄洪区建设工程、驷马山灌区全椒片苏姚一二级站及渠道工程配套工程、安庆市大沙河治理工程等，其涉及的水闸工程，包括用于拦洪、调节水位或者控制下泄流量的节制闸，或用来控制引水流量的进水闸，或用来将超过下游河道安全泄量的洪水泄入分洪区（蓄洪区或者滞洪区）或分洪道的分洪闸，或用来排除内河或低洼地区对农作物有害渍水的排水闸等，多建于河道、渠系及水库、湖泊岸边、农田沟渠水系、坑塘群及湿地水系等区域，为水利设施建设、节水灌溉、排水泄洪、农田改造、水系整治和生态治理发挥了最大效能。

3.2　泵站枢纽布置

泵站工程的枢纽布置应综合考虑各种条件和要求，确定建筑物种类并合理布置其相对位置，处理其相互关系。枢纽布置主要根据泵站承担的任务加以考虑，不同的泵站，其主体工程即泵房、进出水管道、进出水建筑物等的布置应有所不同，相应的涵闸、节制闸等附属建筑物应与主体工程相适应。此外，考虑综合利用要求，如果站区内有公路、航运、过鱼等要求，应考虑公路桥、船闸、鱼道等的布置与主体工程的关系。

例如引江济淮工程、引江济巢工程、华阳河蓄滞洪区建设工程、淮河流域重要行蓄洪区建设工程、巢湖“碧水、安澜、富民”三大工程、望江县漳湖圩漳湖站工程等分布于长江、淮河流域，工程所在地水系众多、地质条件复杂，建设内容涉及新建大中型泵站、节制闸、拦污栅闸、拦鱼电闸、多种穿堤涵闸、老闸站拆改以及交通桥涵等附属设施，为江淮流域沿线水系调节、提水灌溉、排水排涝、防洪抗旱，以及对长江江豚和江淮流域生物多样性保护发挥了极大作用，极大地提振了长江经济带绿色可持续发展，使长江、淮河、巢湖沿岸及环巢湖流域水利基础设施、水系与生态环境得到综合治理和改善，逐步实现“碧水、安澜、蓝天、净土、富民、乐业”，使人民群众绿色获得感、生态幸福感不断增强。

3.3 施工技术要点及措施

3.3.1 施工导流与截流

（1）导流建筑物是指枢纽工程施工期间所用的临时性挡水建筑物和泄水建筑物。导流建筑物级别根据其保护对象、失事后果、使用年限和导流建筑物规模等指标划分为Ⅲ～Ⅴ级。

（2）施工导流的基本方式可分为分期围堰导流和一次拦断河床围堰导流两类。按泄水建筑物型式可分为明渠导流、隧洞导流、涵管导流以及施工过程中的坝体底孔导流、缺口导流和不同泄水建筑物的组合导流。

（3）施工截流方式应综合分析水力学参数、施工条件和截流速度、抛投材料数量和性质、抛投强度等因素，进行技术经济比较，以确定最佳方案。截流多采用戗堤法，宜优先采用立堵截流，而在条件特殊时，经充分论证后可以选用建造浮桥及栈桥平堵截流、定向爆破、建闸等其他截流方式。另外，混合堵是立堵与平堵相结合的方法，有立平堵和平立堵两种。

（4）施工导流与截流工程是整个水利枢纽施工的关键，减小截流难度的主要技术措施包括加大分流量、改善分流条件、改善龙口水力条件、增大抛投料的稳定性、减少块料流失、加大截流施工强度、合理选择截流时段等。

3.3.2 围堰布置

围堰是导流工程中的临时性挡水建筑物，用来围护施工基坑，保证水工建筑物能在干地上施工。围堰主要分为土石围堰、混凝土围堰、钢板桩围堰及土工管袋吹填式复合围堰等。围堰布置与设计应充分考虑筑堰材料、围堰防渗、围堰防护、围堰稳定及堰顶高程等因素，需做好日常安全监测、水土保持及环保监测。

围堰基础处理应满足强度、渗流及沉降变形等要求，堰基防渗处理技术方案和措施应综合考虑安全可靠、经济合理及施工简便等因素，例如可依据工程地质、水文环境等论证选择截水墙防渗、防渗土工膜、高压喷射灌浆、混凝土或水泥土搅拌防渗墙、钢板桩、板桩灌注墙、铺盖或悬挂式防渗等形式。

3.3.3 基坑开挖及降排水

（1）基坑开挖前应编制专项施工方案并进行审批及交底，超危大方案应进行专家论证。基坑的开挖断面应满足设计、施工和基坑边坡稳定性的要求，当基坑开挖范围及下层为砂、砂砾石等强透水地层时，应按施工组织设计进行基坑截渗处理和降排水，可根据工程地质条件选用置换法、搅拌桩法、高压喷射灌浆法和混凝土截渗墙法等基坑截渗措施。

（2）基坑降排水包括初期降排水和经常性降排水。初期排水量应为基坑（或围堰）范围内的积水量、抽水过程中围堰及地下渗水量、可能的降水量等之和。经常性排水应分别计算渗流量、排水时降水量及施工弃水量，但施工弃水量与降水量不应叠加，应以两者之中的数值较大者与渗流量之和来确定最大抽水强度，配备相应的设备。

初期排水流量一般可根据地质情况、工程等级、工期长短及施工条件等因素，参考实际工程经验，按公式（1）计算为

$$Q=\eta V/T \tag{1}$$

式中 Q——初期排水流量，m^3/s；

V——基坑的积水体积，m^3；

T——初期排水时间，s；

η——经验系数，主要与围堰种类、防渗措施、地基情况、排水时间等因素有关，一般取3～6。当覆盖层较厚、渗透系数较大时，取上限值。

（3）基坑降排水应根据工程地质与水文地质条件，分别选择集水坑或井点等方法。无承压水土层可采用集水坑排（降）水法，各类砂性土、砂、砂卵石等有承压水的土层可采用井点排（降）水法。

（4）应根据设计对基坑边坡采用适当的支护和防护措施，确保开挖边坡稳定。基坑开挖后应加强监测，发现存在影响安全的情况时应及时处理。周边有建筑物时，应制订包括基坑监测措施等内容的专项基坑围护方案并予以落实。

3.3.4 基础处理

水工建筑物地基主要分为岩基和软基。岩基是由岩石构成的地基，又称硬基。软基是由淤泥、壤土、砂、砂砾石、砂卵石等构成的地基，又可细分为砂砾石地基、软土地基。水利工程基础处理的基本方法主要有开挖、灌浆、防渗墙、桩基础、锚固，还有置换法、排水法以及挤实法等。

3.3.5 主体结构施工

水闸泵站主体结构施工的主要环节是混凝土工程，施工宜以闸室、泵房为中心，按照“先深后浅、先重后轻、先高后矮、先主后次”的原则进行，施工中应做好危大或超危大工程的管控，做好止水设施施工、预埋安装及二期混凝土浇筑，做好施工缝设置、混凝土浇筑及养护质量过程控制，尤其应做好大体积混凝土浇捣、温控和养护措施，确保工程质量。

3.3.6 安装施工

水闸泵站工程安装施工主要包括埋件预埋及闸门、拦污栅、启闭机、清污机、水泵机组、金结设备、电气及自动化等机电设备的安装，应按设计文件和有关技术标准及规范、专项施工方案进行，做好方案编审、交底及检查落实。施工中应做好危大或超危大工程的管控，做好安装精度控制，做好设备联调联试和运行试验，做好监测设施布置和施工期监测等工作。

4 成果总结及推广应用

科技团队依托引江济淮工程、引江济巢凤凰颈泵站、华阳河蓄滞洪区工程、望江县漳湖圩漳湖泵站、巢湖生态清淤及环巢湖生态治理等项目，确立了“长江流域蓄滞洪区堤防工程软基综合立体排水固结工艺研究”“富水砂层截渗墙施工技术研究与应用”“受限空间下大型泵站改扩建工程低扰动拆改技术研究”“泵站水工结构混凝土抗渗性能与施工技术研究”、“快速脱水固结技术在生态治淤工程中的研究与应用”“富营养化沟渠生态化改造

技术研究与应用”等多个科研课题，积累了众多具独创性的施工管理经验、科技技术成果，已累计获得省部级工法22项，获得优秀QC成果奖56项，已授权21项实用新型专利和1项发明专利，获得电建股份科技进步三等奖1项、电建市政集团科技进步二等奖1项及三等奖2项，一大批“四新”技术成果得到推广应用，提升了中日电建市政建设集团有限公司水闸泵站工程、水利工程及生态环境治理工程等领域的核心竞争力。

5 结语

水闸泵站工程是水利工程和生态环境治理中不可或缺的重要基础设施，它在调节和分配水资源、灌溉、防洪排涝、改善农田作物耕育环境、改良农田水系及生态环境治理等方面发挥着重要作用。结合水系生态保护要求，设计生态水闸、泵站，采用绿色施工方式，水闸泵站工程还能改善下游水系生态环境。本文认为，生态水闸泵站工程符合生态文明建设要求，有利于水利工程建设和生态保护、水系治理及湿地保护协同发展，助力新农村建设及乡村振兴，为长江经济带流域水利设施建设、生态治理和环境保护及高标准农田建设等作出了积极贡献，产生了良好的社会效益、环境效益和经济效益。

参考文献

[1] 黄志豪．水闸施工技术在水利水电工程当中的应用 [J]．建筑与装饰，2022 (19)：19-21.
[2] 张彦荣．试析水利工程中泵站建设的施工管理 [J]．黑龙江科技信息，2015 (34)：246.
[3] 胡德宝．农田水利工程中水闸施工管理控制 [J]．环球市场，2017 (3)：273.

探析富水砂层截渗墙施工技术应用

权　全　聂金龙　杜方青

【摘　要】本文主要对截渗墙技术进行探析，针对引江济淮凤凰颈泵站改造项目富水砂层地质情况，从截渗墙施工工艺、施工要点等方面进行剖析，探析截渗墙施工技术和施工要点，确保截渗施工质量。

【关键词】富水砂层　截渗墙施工　施工要点

1　引言

截渗墙施工工艺及相关配套技术虽然都已成熟，但是在富水砂层施工条件下，截渗墙施工过程中极易出现塌孔及成墙困难等问题，这方面缺少相关的技术支持。本文系统地总结了富水砂层条件下的截渗墙施工技术与检测墙身完整性的新技术，可以解决因渗流量大而受影响的富水砂层地质环境中的截渗墙施工技术难题，突破无法高效控制富水砂层截渗墙高质量施工的瓶颈，具有独特的理论价值和技术方面的创新性。

2　工程概况

由中国电建市政建设集团有限公司承建的引江济淮凤凰颈泵站改造项目位于安徽省无为县刘渡镇无为大堤上，利用老泵站进行改造与扩建，以满足引江、排涝等多种功能的需要。由于该项目新建主泵房基坑设计开挖底高程为－8.37m，安装间基坑设计开挖高程为－9.37m，均坐落在粉细砂层上，为中等透水层，且与外侧长江联系紧密，基坑开挖后，在外侧高水位压水作用下，基坑可能会发生渗流破坏，因此在基坑四周结合永久工程设置围封截渗墙，以保证基坑的降水开挖施工。该项目截渗墙施工总长度为534.08m，分为素混凝土截渗墙和钢筋混凝土截渗墙两种类型，墙厚均为0.6m，其中素混凝土截渗墙446.48m，钢筋混凝土截渗墙87.6m。

3　主要施工工艺

3.1　主要工艺流程

施工程序可分为施工准备、泥浆制作、槽孔建造、清孔换浆、接头处理、接头孔洗刷、混凝土浇筑、接头管起拔等。

3.2 施工准备

（1）配套设施。施工生产所需的主要配套设施为混凝土拌和站、泥浆站及临时施工仓库。

（2）废弃物处理池。施工过程中产生的废弃泥浆需经沉淀池处理，下部沉渣用挖掘机捞起，由自卸车运至指定地点存放并采取相应的环保措施。

（3）导向槽施工是截渗墙施工的关键环节，主要起成槽导向、控制标高、槽段定位、防止槽口坍塌及承重的作用，导墙断面形式采用钢筋混凝土倒L形断面。导墙具有必要的强度、刚度和精度，要满足成槽机械设备的施工荷载要求。为防止导向槽变形，导向槽内侧拆模后，除每隔1.5m布设一道木撑外，混凝土未达到75%强度之前严禁重型机械在导向槽附近行走。

3.3 泥浆制作

泥浆在截渗墙施工中的作用主要是保持孔壁稳定。根据该项目富水砂层的地质条件情况，为保证截渗墙成槽质量，采用复合型高黏度膨润土进行膨润土泥浆配置，膨润土进场前对相应指标进行检测。泥浆搅拌设备选用BE－10型旋流立式高速搅拌机，推荐复合型高黏度膨润土（30～55kg/kL），严格按规定的配合比配制泥浆，各种材料的加量误差≤5%。新制膨润土泥浆密度宜为1.03～1.08g/cm^3，漏斗黏度为35～55s，相关性能指标见表1。

表1　新制膨润土泥浆性能指标

项　目	单　位	性能指标	试验仪器
密度	g/cm^3	1.03～1.08	泥浆比重秤
漏斗黏度	s	35～55	946/1500m 马氏漏斗
塑性黏度	MPa·s	≥8	旋转黏度计
动切力	Pa	≥6	旋转黏度计
净切力	Pa	≥9	旋转黏度计
失水量	mL/30min	<18	失水量测定仪
泥饼厚	mm	<2.5	失水量测定仪
10min静切力	N/m^2	1.4～10.0	静切力计
pH值		7.5～10.5	pH试纸或电子pH计

泥浆使用、检验要求如下：

（1）新制膨润土浆需经充分水化溶胀后方可使用。

（2）储浆池内泥浆应经常搅动，保持指标均一，避免沉淀或离析。

（3）在抓取过程中，由于岩屑混入和其他处理剂的消耗，槽孔内的泥浆性能将逐渐恶化，须进行换浆处理。

（4）槽孔内泥浆的性能指标的控制标准见表2。经过净化处理的泥浆必须在使用前进行测试。在成槽过程中，应在循环浆沟中取样，检测有关指标，如超出限值，必须进行处理。如果膨润土的密度、黏性和含砂率无法满足要求，则要更换合格的膨润土。

表 2　　现场膨润土泥浆性能指标控制标准

指标使用阶段	密度/(g/cm^3)	漏斗黏度/s	含砂量/%
槽内泥浆	≤1.15	32～70	
浇筑前槽内泥浆	≤1.15	32～50	≤4

（5）应在槽孔内和储浆池周围设置排水沟，防止地表污水或雨水大量流入后污染泥浆。被混凝土置换出来的泥浆、距混凝土面 2m 以内的泥浆，因污染较严重，应予以废弃。

3.4　槽孔建造

针对项目地质特点和槽深情况，该项目采用纯抓法的成槽工艺。即采用三抓法施工，先抓槽段两侧主孔，两侧主孔挖至距设计槽底深度约 50cm 后，再挖中间副孔，主孔内预留的 50cm 与副孔一起清底开挖。槽孔开挖过程中，槽孔泥浆面始终保持在导墙面以下 30～50cm，根据液压抓斗仪表显示的精度随时纠偏，使液压抓斗垂直度、施工精度始终保持在良好范围内。成槽作业施工时，填写截渗墙工程抓斗挖槽机造孔记录表，详细记录成孔抓挖工作。密切注意成槽过程中的土样，对照设计勘探资料比较遇到的地层土样，并填写地层的分层深度、取样时间等标签，标签填写好后装袋保留。

3.5　清孔换浆

先清理槽底的大量沉渣，之后采用气举法置换泥浆，达到可浇筑混凝土的要求。槽孔终孔后，即组织开始清孔换浆工作。

成槽作业完成后，为了把沉积在槽底的沉渣清出，需要对槽底进行清孔，以提高截渗墙的承载力和抗渗能力，提高成墙质量。先用抓斗抓起槽底余土及沉渣，再用气举法反循环吸取孔底沉渣。经过泥浆净化器筛分，在灌注混凝土前，清槽后测定槽底以上 0.5～1.5m 处的泥浆比重应小于 1.15，含砂率不大于 4%，黏度为 32～50s，槽底沉渣厚度小于 100mm。在清孔过程中，要不断向槽内泵送优质泥浆，以保持液面稳定，防止塌孔。槽内泥浆必须高于地下水位 1.0m 以上，并且不低于导墙顶面 0.3m。成槽检查项目及质量标准见表 3。

表 3　　成槽检查项目及质量标准

序号	检验项目	检验方法	质 量 标 准
1	槽口中心差	现场测量	±3cm
2	终孔深度	测绳	不小于设计深度
3	孔斜率	重锤法	不大于 0.4%
4	槽孔宽度	抓斗斗体宽度	满足设计要求（含接头厚度）
5	套接厚度	—	保证相邻的两个孔位中心在任一深度的偏差值不大于设计墙厚的 1/3

3.6　接头处理

墙段连接采用接头管法。采用接头管法施工的接头孔孔形质量较好，孔壁光滑，槽孔清孔换浆结束后，在槽孔端头下设接头管，混凝土浇筑过程中及浇筑完成一定时段之内，根据槽内混凝土初凝情况逐渐起拔接头管，在槽孔端头形成接头孔。控制接头质量主要为避免接头之间出现淤泥夹层。

下设前检查接头管底阀开闭是否正常，底管淤积泥沙是否清除，接头管接头的卡块、盖是否齐全，锁块活动是否自如等，并在接头管外表面涂抹脱模剂。

用吊车起吊接头管，先起吊底节接头管，对准端孔中心，垂直徐徐下放，一直下到销孔位置，再用厚壁钢管对孔插入接头管，继续将底管放下，使厚壁钢管担在顶拔机两侧的支撑臂上，接着用清水冲洗接头配合面并涂抹润滑油，然后吊起第二节接头管，用清水将接头内圈结合面冲洗干净，对准第一节接头管的公接头插入，动作要缓慢，最后用销钉打入两段接头管，连接销孔。

吊起接头管，抽出厚壁钢管，下到第二节接头管销孔处，插入厚壁钢管，下放使其担在顶拔机两侧的支撑臂上，再按上述方法进行第三节接头管的安装。依次安装接头管，直至下放至设计槽底深度并固定。接头管下设原理见图 1。

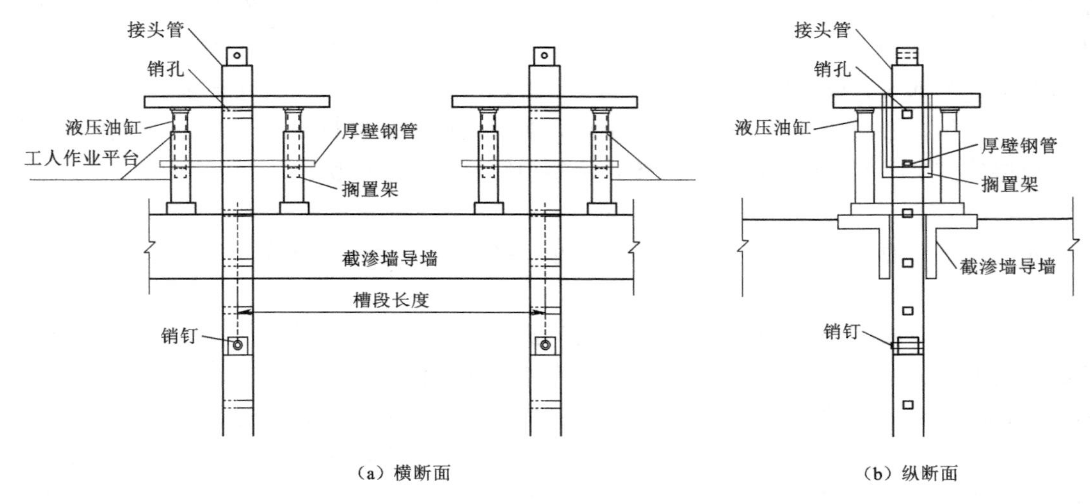

图 1　接头管下设原理

3.7　接头孔洗刷

接头孔刷洗采用具有一定重量的钢丝刷子，通过调整钢丝绳位置使刷子对接头孔孔壁施压，在此过程中，利用吊机带动刷子不断由孔底至孔口往返运动，从而达到对孔壁进行清洗的目的。接头孔壁洗刷完成的标准是刷子钻头基本不带泥屑，并且孔底淤积不再增加。

3.8　清孔换浆结束标准

清孔换浆结束后 1h，在槽孔底部 0.5～1.5m 部位取样，进行泥浆试验。如果达到结束标准，即可结束清孔换浆工作。

结束标准为：清孔换浆结束后，槽孔内淤积厚度不大于 100mm，泥浆密度小于 $1.15g/cm^3$，泥浆黏度为 32～50s，含砂量小于 4%。

清孔合格后，应于 4h 内开浇混凝土。如因特殊情况不能按时浇筑，则应向监理单位汇报，根据实际情况进行二次清孔或采取其他处理措施。

3.9　混凝土浇筑

混凝土浇筑采用直升导管法，施工程序为：施工准备→导管配置→下浇筑导管→槽口平台架设→装料斗→开盘下料→浇筑→测量槽内混凝土面→计算埋深→提管、拆管，继浇浇筑→终浇收仓。

导管使用前做调直检查、气密性试验、圆度检验、磨损度检验和焊接检验。检验合格的导管做上醒目的标识。导管按照配管图依次下设，每个槽段至少布设2根导管，导管安装应满足如下要求：槽端距离导管1.0～1.5m，导管间距不大于3m。用混凝土搅拌车送混凝土进槽口，再利用料斗进入导管。混凝土必须连续浇筑，槽孔内混凝土上升速度为2m/h以上，并连续上升至墙顶有效高程。导管埋入混凝土内的深度保持在2～6m，以免泥浆进入导管内。槽孔内混凝土面应均匀上升，高差控制在0.5m以内。每30min测量一次混凝土面，每2h测定一次导管内混凝土面，在开浇和结尾时适当增加测量次数，根据每次测得的混凝土表面上升情况，填写浇筑记录，绘制浇筑指标图，核对浇筑方量，指导导管拆卸。浇筑混凝土时，孔口设置盖板，防止混凝土散落到槽孔内。混凝土浇筑完毕后的顶面应高于设计要求的顶高程50.00cm。

3.10 接头管起拔

用吊机结合顶拔机起拔接头管。

在先施工的槽段进行混凝土浇筑过程中，根据槽内混凝土初凝情况逐渐起拔接头管。拔管施工的关键是准确掌握起拔时间，起拔时间过早，混凝土尚未达到一定强度，就会导致接头孔缩孔和垮塌；起拔时间过晚，接头管表面与混凝土的黏结力使摩擦力增大，会增加起拔难度，甚至造成接头管被铸死而拔不出来的情况。

锁口管起拔时间根据混凝土初凝时间及现场试块的初凝情况确定。根据项目已批复的截渗墙混凝土施工配合比，拟定在混凝土初始浇筑3～4h后开始起拔，初次拔高10cm，以后每隔20～30min拔动一次，每次幅度不大于30cm，待混凝土浇筑完成达4～6h，即混凝土达到初凝后，逐步拔出全部锁口管。为了减小最初顶拔锁口管时的阻力，防止混凝土初凝将锁口管抱死，在混凝土开始浇筑3～4h后，启动液压顶拔机拔动锁口管，采取轻顶拔和回落的方法，每次顶拔不大于30cm。具体起拔时间和起拔速度根据现场工艺性试验和现场试块的初凝情况调整。

4 施工要点

4.1 成槽精度控制

该工程地下存在较厚的粉细砂层，要求成槽垂直度必须控制在3‰以内，垂直度较难保证。为此，需要在机械设备、施工工法及施工过程中加强控制，才能保证垂直度，满足设计及规范要求。

成槽垂直度控制，第一步就是做好导墙的垂直度控制。成槽机在正常挖槽过程中，其垂直度控制主要依赖于自身的垂直度显示仪和自动纠偏装置，以及操作人员的操作经验和水平。挖槽过程中应保证抓斗的中心线与导墙的中心线重合，抓斗入槽、出槽应慢速、稳定，抓斗下放时，应靠其自重缓速下放，不得放空冲放。根据成槽机的仪表显示的垂直度情况及时纠偏，如出现较大偏斜，纠偏困难时，应暂停挖槽，采用优质黏土对开挖槽段全部回填，待回填土沉积密实后，先打导向孔，再用成槽机顺着导向孔继续挖槽，以使成槽满足精度要求。

4.2 槽段接头质量控制

截渗墙的接缝止水性能对基坑开挖的安全至关重要。考虑到施工区域地下水水位较高，地质土层软弱，粉细砂层透水性强，一旦发生围护接缝渗漏水的情况，将对基坑安全和周边环境带来较大风险。

锁口管在混凝土浇筑后需要拔除，Ⅰ序施工的截渗墙与Ⅱ序槽孔存在施工缝，导致两幅墙接缝处容易出现渗漏。防止接头渗漏的方法，一是控制接头质量，二是在截渗墙接缝外侧施作高压旋喷桩止水。控制接头质量主要为避免接头之间出现淤泥夹层。首先，锁口管应固定牢固，避免倾斜；其次，刷壁务必彻底，每道接缝刷壁次数不应低于 15 次，刷壁器上应无泥；最后，刷壁完成后进行超声波检测，确保接头不存在夹泥的情况。截渗墙成墙施工完成后，应对墙身的完整性进行检查。

4.3 承压水控制

施工区域内承压水水位较高，地下水含量丰富，地下渗流量大，截渗墙成槽施工时易发生塌孔问题，对截渗墙施工影响大。

槽孔孔壁的稳定性与地基种类、密实度及地下水位的高低有关，而泥浆护壁是保证槽孔稳定的重要方式，固壁泥浆产生的净侧压力是维持槽孔稳定的主要外力。因此，根据现场工艺性试验情况，应以最容易坍塌的地层为主选择泥浆黏度，调整施工泥浆配合比，选择优质膨润土，制备优质的固壁泥浆，确保泥浆质量。槽内泥浆液面高程也是影响槽孔孔壁稳定性的关键因素之一，成槽施工时应及时补入新鲜泥浆，使槽内泥浆液面保持在导墙顶面以下 0.3～0.5m，且至少高于地下水位 1m，确保孔壁稳定。

5 结语

本文以引江济淮凤凰颈泵站改造项目的截渗墙施工为例，结合该项目富水砂层复杂地质的不利影响，根据项目实施情况总结经验，确保截渗墙施工质量。通过对截渗墙施工工艺和施工要点进行探析和研究，以期对后续长江沿岸复杂地质的截渗墙施工给予一定的指导和帮助。

参考文献

[1] 中华人民共和国水利部．水利水电工程混凝土防渗墙施工技术规范：SL 174—2014 [S]. 北京：中国水利水电出版社，2015.

[2] 张小刚．含水砂层中地下连续墙的施工技术 [J]. 科学与技术，2019 (15)：5.

[3] 宋玉国．复杂地层混凝土防渗墙施工技术研究 [D]. 长春：吉林大学，2014.

一种建筑物混凝土底板中管涌应急处置装置与施工方法

姜富伟　李　广　张振民

【摘　要】 在泵站前池，站前水平段出现管涌现象，考虑到地质情况为淤泥质粉质黏土夹粉细砂，如处理不及时将会使地基以下粉质细砂随水流出形成管涌通道。为保证站前水平段混凝土底板施工质量安全，防止管涌冒水过大而使水脉动力破坏底板，采用一种建筑物混凝土底板中管涌应急处置装置与施工方法对管涌进行分流降水施工，降低地下水，为前池水平段混凝土施工提供干燥的施工作业环境，以达到高效施工、提高效率与进度的目的。

【关键词】 管涌　淤泥质粉质黏土　应急处置装置　反滤排水

1　引言

安徽省望江县漳湖圩漳湖泵站项目，建筑物位于软土地区，开挖范围内土质多为淤泥粉质黏土夹粉细砂，该土质的特点是压缩性高、强度低、易触变、天然含水率高、渗透性小。前池分别为闸后水平段、1∶8斜坡段、站前水平段，底板厚度为0.6m并设反滤冒水孔，两侧布置C30翼墙与前池底板顺接。站前水平段在渗流作用下，土体中的细颗粒沿骨架颗粒形成孔隙，水在土孔隙中的流速增大，引起淤泥质粉质黏土与粉细砂的细颗粒被冲刷带走的现象，进而产生管涌现象。管涌发生时，随着持续时间的延长，险情不断恶化，大量涌水翻沙，使水闸地基土壤骨架遭到破坏，孔道扩大，基土被淘空，引发建筑物塌陷与倒闸等事故。为保证混凝土底板的施工质量安全，防止管涌冒水过大而使水脉动力破坏底板。本文结合地质报告、地下水位情况，采用一种建筑物混凝土底板中管涌应急处置装置与施工方法（以下简称“本发明专利”）对管涌进行分流降水施工，降低地下水，为前池的站前水平段混凝土施工提供了干燥、良好的施工作业环境，以达到高效施工的目的。

2　应急处置装置的作用

在发生管涌时，一般在冒水孔周围垒土袋，筑成围井，井壁底与地面紧密接触，在围井内按三层反滤要求分铺垫沙石或柴草滤料，在井口安设排水管，将渗出的清水引走，以防溢流冲塌井壁，采取迎水截渗的方法杜绝坝体，将闸基底部细颗粒带出地基，以防地基被架空或掏空。本书所述的一种建筑物混凝土底板中管涌应急处置装置与施工方法相较于传统的围井滤土排水施工方法，便于控制地下涌水水位，多孔滤水材料及扶正器反滤并将无砂管包裹，管外填筑瓜子片层反滤，减少泥沙对无砂管空隙的堵塞。管内反滤装置自下而上依次填筑砂层、瓜子片层和碎石层，利用反滤料依次对自管涌出口涌出的泥浆加以过滤和吸附，使得从清水孔中流出的为清水，减少泥土流失的可能。前期利用水泵降低地下水位，以达到后续前池底板为混凝土施工作业提供便利的目的；后期底板完成后可以代替反滤排水孔，减少底板下的水压力。本发明专利的结构示意图如图1所示。

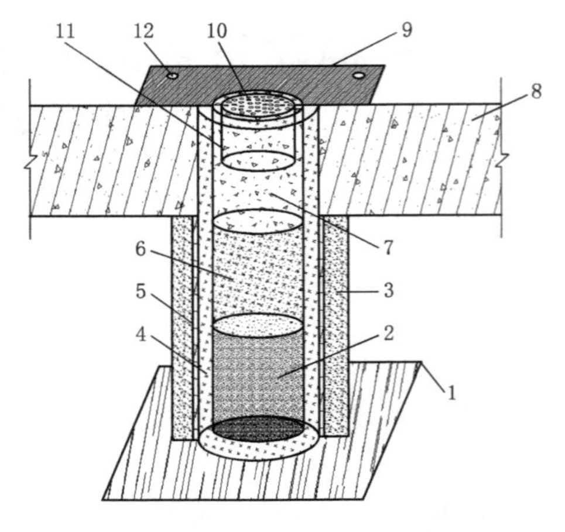

图1　本发明专利的结构示意图

1—底部托板；2—中粗砂；3—瓜子片反滤料；4—无砂管；5—多孔滤水材料及扶正器；6—瓜子片反滤料；7—级配石子反滤料；8—前池底板混凝土；9—钢板封盖；10—钢板反滤孔；11—钢板与无砂管镶嵌钢管；12—固定螺栓

3　管涌装置的实施过程实施

3.1　施工准备

(1) 施工技术准备。熟悉现场具体的管涌冒水地点，了解该部位的地形与地质情况，观察管涌的涌水量等相关参数，编制实施方案，并组织专家论证讨论。

(2) 施工材料准备。现场根据反滤排水的需求准备中粗砂、瓜子片、级配碎石子、ϕ500mm无砂管、钢板与螺栓、钢筋、土工布、编织袋等材料。

(3) 施工人员及设备准备。包括装载机、挖掘机、自卸汽车、水泵等，根据工程进度满足施工需求。

3.2　管涌的定位及围井

精确找准管涌的泉眼位置，将周围用挖掘机整理平整，用内部装满泥沙的编织袋将管涌周围圈围起来，用水泵将围井内的积水快速排除，用塑料布对编织袋进行防渗处理。在管涌的泉眼位置，用PC200挖掘机垂直向下开挖，同时准备水泵将周围的水及时排除，直至挖至淤泥质土层，开挖深度约为3m。

3.3　应急装置的制作与安装

在下入ϕ500mm无砂管前，要在无砂管的底部固定托板，以防安装过程中底部泥沙堵塞滤孔、受力不均匀沉降、脱落等，并用钢筋制作扶正器固定在一起。固定器根据无砂管的直径，用ϕ12mm的钢筋弯曲做成一个圆，并在圆的四周等分焊接四根垂直的钢筋，随无砂管每节的上升而固定在一起，防止错位。无砂管外裹土工布及钢丝网，无砂管外的基坑则用瓜子片反滤料回填，直至前池底板底高程，管内反滤装置从下至上依次填筑颗粒粒径由小到大变化的中粗砂、瓜子片、级配石子等反滤料，并对基坑反滤料加以夯实。

3.4　应急降水过程及封堵

管涌应急装置安装完成后，拆除周边的编织袋，并在前期底板施工阶段作为降水井，利用水泵抽排水，以降低管涌水位，提供干燥无水的作业基面，便于快速进行钢筋绑扎及模板立模等施工，完成前池底板的混凝土浇筑。后期混凝土养护阶段，用带有反滤孔的钢板覆盖于无砂管上，把钢板与无砂管镶嵌在一起，将钢板用螺栓固定在混凝土上，以防管井内反滤料及反滤钢板被水冲走，同时对管涌做到反滤压重、留有余路、滤土排水，从而保障建筑结构的质量与安全。

3.5 加强工程监测与观测

根据《建筑基坑工程监测技术规范》（GB 50497—2009）的相关要求，基坑工程监测频率能够反映监测对象所测项目的重要变化过程，而不遗漏变化时刻的要求。基坑工程监测工作贯穿于整个工程全过程，从基坑施工前开始，直至泵站的主体混凝土工程施工完成为止。管涌发生后，应及时加强基坑围护观测、管理点和流量的测量、周边结构物变形观测等，为应急处理提供依据，确保工程质量。

4 装置具有的优点

该装置具有以下几个优点：施工操作简单，能够快速应急处理管涌现象，而传统的处理方式多为坝前临水截渗，坝后反滤围井压重，给管涌水留有余路，往往影响各工序的施工，可见该装置高效快捷，节省材料与成本，可避免扰动砂质地层，从而安全有效施工，环保效益明显；可确保地基细小颗粒不随水流出，现场仅占据一口降水井的空间，降低了大气污染、水污染和粉尘污染，节省了成本投入；后期留置于前池的底板，里面填充反滤料，可作为泵站前池水平段的反滤孔，为底板质量安全提供保障。

5 效益分析

5.1 技术效益

该装置适用于建筑物混凝土底板中的管涌应急处置，与传统的围井滤土排水施工方法相比，便于控制地下涌水水位，多孔滤水材料及扶正器反滤并将无砂管包裹，管外填筑瓜子片层反滤，减少泥沙对无砂管空隙的堵塞。管内反滤装置自下而上依次填筑砂层、瓜子片层和碎石层，利用反滤料依次对自管涌出口涌出的泥浆进行过滤和吸附，使得从清水孔流出的为清水，减少泥土流失，避免扰动砂质地层。前期利用水泵降低地下水位，以达到后续前池底板为混凝土施工作业提供便利的目的。后期底板完成后还可以代替反滤排水孔，减少底板下的水压力。

5.2 环保效益

该装置不仅可以确保地基细小颗粒不随水流出，现场仅占据一口降水井的空间，而且能够降低大气污染、水污染、粉尘污染，节省成本投入，取得良好的环保效益。

5.3 社会效益

该装置对管涌进行分流降水施工，降低地下水，为前池站前水平段混凝土施工提供了干燥、良好的施工作业环境，高效推进前池混凝土底板施工。同时，后期底板完成后还可以代替反滤排水孔，减少底板下的水压力，为泵站质量安全提供保障，实现良好的社会效益。

6 总结

管涌在渗流作用下，水在土孔隙中随着流速的增大而将细颗粒冲刷带走并形成翻沙鼓水。管涌发生时，随着水位的升高、持续时间的延长，险情不断恶化，水面出现大量涌水翻沙，使水闸地基土壤骨架遭到破坏，孔道扩大，基土被淘空，从而引起建筑物塌陷，造成决堤、垮坝、倒闸等事故。为保证泵站混凝土底板施工质量安全，防止管涌冒水过大而使水脉动力破坏底板，采用一种建筑物混凝土底板中管涌应急处置装置与施工方法对管涌进行分流降水施工，降低地下水，为泵站前池的混凝土底板施工提供了干燥、良好的施工作业环境，以达到高效施工、提高效率与进度的目的。

参考文献

[1] 叶创新．管涌的处理方法 [J]. 防护工程，2018 (8)：1.
[2] 朱万连．对深基础施工中出现流沙和管涌现象的防治 [J]. 山西建筑，2008 (3)：164－165.
[3] 周进．简析深基坑管涌原因及处理措施建议 [J]. 城市建设理论研究，2018 (24)：3.